U0166519

# 大脑只说
# 10 件事

## THE BRAIN
## 10 Things You Should Know

[英] 索菲·斯科特 / 著

谢湿檀 / 译

贵州出版集团
贵州人民出版社

The Brain: 10 Things You Should Know

by Professor Sophie Scott

Copyright © Sophie Scott 2022

Publication arranged by The Orion Publishing Group Ltd, through The Grayhawk Agency Ltd.

Simplified Chinese edition copyright © 2024 Light Reading Culture Media (Beijing) Co., Ltd.

All rights reserved.

图书在版编目（CIP）数据

大脑只说 10 件事 /（英）索菲·斯科特著；谢湿檀
译 . – 贵阳：贵州人民出版社，2024.1
（T 文库）
书名原文：The Brain
ISBN 978-7-221-18167-1

Ⅰ . ①大… Ⅱ . ①索… ②谢… Ⅲ . ①大脑 – 普及读
物 Ⅳ . ① Q954.5-49

中国国家版本馆 CIP 数据核字 (2023) 第 256022 号

DANAO ZHISHUO 10 JIAN SHI
大脑只说 10 件事
[ 英 ] 索菲·斯科特 / 著
谢湿檀 / 译

| 选题策划 | 轻读文库 | 出 版 人 | 朱文迅 |
| 责任编辑 | 龙 娜 | 特约编辑 | 姜 文 |

| | | |
|---|---|---|
| 出 版 | 贵州出版集团　贵州人民出版社 | |
| 地 址 | 贵州省贵阳市观山湖区会展东路 SOHO 办公区 A 座 | |
| 发 行 | 轻读文化传媒（北京）有限公司 | |
| 印 刷 | 北京雅图新世纪印刷科技有限公司 | |
| 版 次 | 2024 年 1 月第 1 版 | |
| 印 次 | 2024 年 1 月第 1 次印刷 | |
| 开 本 | 730 毫米 × 940 毫米　1/32 | |
| 印 张 | 3.75 | |
| 字 数 | 70 千字 | |
| 书 号 | ISBN 978-7-221-18167-1 | |
| 定 价 | 25.00 元 | |

关注轻读

客服咨询

谨以此书献给汤姆·曼利、我们的儿子赫克托、
我妈妈克里斯汀·斯科特和爸爸科林·斯科特

# 目录

前言 ……………………………………………………… 1

Chapter
1
你为什么还是你? ………………………………… 5

Chapter
2
自然如何构建大脑? 大脑与演化 …………… 15

Chapter
3
大脑化学 …………………………………………… 23

Chapter
4
我们是如何认识世界的? ……………………… 33

Chapter
5
与世界的互动 …………………………………… 47

Chapter
6
人类大脑的广阔世界 …………………………… 53

Chapter
## 7
身体不同，大脑不同 ………………………… 63

Chapter
## 8
大脑是怎样衰老的? ……………………… 75

Chapter
## 9
大脑如何又为何千差万别? …………………… 83

Chapter
## 10
大脑的敌人和朋友 ……………………………… 95


致谢 ……………………………………………… 107

# 前言

我喜欢大脑，喜欢你的大脑。毫无疑问，人的身体最令我感兴趣的部分就是大脑。我也十分有幸能够集齐天时地利，以探索大脑为职业。纵观人类漫长的历史，大脑在很长一段时间内并没有引发人们的兴趣，亚里士多德认为心脏才是产生感觉和体验的器官，大脑是用来给身体降温的。他的观点在某种程度上似乎也说得通，因为我们对事物的感受似乎来自身体的反应，比如：开心时，我们会觉得心花怒放；隐约意识到大事不妙时，会感到心猛地一沉。当然，现在我们知道了自己感受到的一切其实都是大脑对外部环境和身体内部状况的最佳猜测。此外，我们还知道大脑会安排身体作出各种反应（如情绪）。

亚里士多德忽视大脑的另一个原因是当大脑暴露在外时，是没有知觉的——如果你触摸暴露在外的大脑表面（不要这样做），大脑的主人不会感到被触摸。大脑自身没有直接感知世界的方式，而是从感觉器官（后文会提到）收集信息，并不断利用这些信息构建现实。

亚里士多德等人认为大脑不重要还有一个原因是，解剖大脑非常棘手：自然状态下的大脑并不坚实，看起来像是让人毫无食欲的灰色水状果冻。尽管侦探节目喜欢展示尸体解剖后取出整个大脑的画面，但是实际上需要五花八门的技术让大脑足够坚实，才能使解剖调查成为可能。

并非每个人都同意亚里士多德的观点，尽管研究大脑困难重重，但人们还是取得了一些令人赞叹的成就。公元前500年，克罗顿的阿尔克迈翁发现了视神经并描述了光幻视现象——由视神经活动引起的视觉图像。柏拉图曾写道，大脑是"人体最神圣的部分，主宰身体的其他部分"，"其他"指的是胸部和肝脏。然而，关于大脑如何运作的科学共识越来越多地集中在脑室上，而不是大脑自身。大脑漂浮在颅骨内，不同部分间的空隙被称为脑室，脑室由液体包裹，大脑的强大能力就来自这些脑室，而不是周围黏糊糊的组织。

接下来的几个世纪里，人们揭开了大脑更多的秘密。波斯科学家、医生兼哲学家阿布·巴克尔·拉兹，在公元900年得出结论，神经要么有感觉功能，要么有运动功能，并把相关症状与脑损伤的位置联系了起来。不过，脑室理论仍然在西方医学中占主导地位，比如达·芬奇绘制大脑时就突出了脑室。直到1538年，颇有影响力的医生安德烈亚斯·韦塞尔才推翻了脑室理论，而大脑自身对于思维过程至关重要的理念也才开始主导西方医学。

从那时起，我们对大脑的理解便随着技术的发展而不断进步。显微镜的技术进步让罗伯特·胡克在1665年发现了细胞，西奥多·施旺由此提出了动物、植物都由细胞构成的理论。但长期以来，大脑似乎一直被细胞理论拒之门外——大脑当然有细胞，但那些大量存在的纤维状物质是什么？科学家卡米洛·高尔基发明了一种染色技术，使他通过显微镜看到了这些细长的纤维与大脑细胞（神经元——关于这些后面会详细介绍）相连，并构成了这些细胞的一部分。高尔基（错误地）认为这些相连的部分构成了一个巨大连续的网络。西班牙神经学家圣地亚哥·拉蒙-卡哈尔利用并改进了高尔基发明的染色技术，发现了鸟类大脑中的神经元不是一个大型的网络，而是由一个个的细胞构成。因此，就像地球上的其他生命一样，大脑也是由一个个细胞构成。

19世纪，人们对大脑如何控制行为的认识也取得了重大进展。德国和法国的神经学家绘制出了位于大脑左半球的语言处理区域，而且准确度非常高，所以哪怕我们如今对大脑运作机制的理解越来越深入，但探究范围依然还是他们描绘的那些区域。20世纪中期，加拿大蒙特利尔的沃尔特·潘菲尔德研究那些接受开颅手术（缓解顽固性癫痫）的患者外露的大脑时，发现用轻微的电流刺激不同的脑区域会导致不同类型的知觉或行为。

20世纪末，脑科学的相关技术迎来了爆炸性发展，让我们得以在被研究者没有死亡或接受脑部手术的情况下，便可绘制出大脑结构的图像，并检查大脑的功能。如今，磁共振成像和脑电图、脑磁图等技术已经成为临床研究和人类脑基础研究的标准工具。自20世纪90年代以来，我在职业生涯中曾与脑损伤患者共事，并使用脑成像技术研究大脑。我觉得自己拥有世界上最棒的工作，并且从遇到的每个大脑中都学到了一些东西，正如我们将在本书中看到的那样，大脑——你的大脑——是整个已知宇宙中最奇妙的结构之一。

# Chapter

# 1

—

# 你为什么
# 还是你？

看看你婴儿时期的照片，你会发现自己已经和照片中的人截然不同，因为很少有东西可以陪伴你一生。头发会掉，指甲会长，旧细胞会死去，并被新细胞替代。人体细胞的死亡和更替周期，甚至还引出了一个骇人的说法：大约每过十年，你就会有一副全新的身体。当然，这种说法并不完全正确，人体中有两类细胞是不会死亡和更替的：眼睛的晶状体细胞和中枢神经系统中的神经细胞（神经元）。这两类细胞会伴你终身。中枢神经系统由脊柱和脑部的神经组成。我们每个人出生时就已经拥有了几乎所有的大脑神经细胞，真让人有点儿不知所措。所以，你端详小时候的照片时，其实看到的是一个脑细胞完全一样，但身体完全不同的人。

这些神经元数量庞大。人脑中包含约860亿个神经元，而且这些细胞高度专业化，为你的思维过程提供动力。

你大脑中的神经元并非组成了一个单一的整体，而是高度结构化，形成了非常复杂和独特的脑区域，就像一个巨大而复杂的网络。我在大学第一次接触大脑的时候，认为这种复杂程度毫无意义且难以理解。大脑的结构细节有什么必要如此难于探究？过了很长时间，我才意识到，这是因为大脑不仅负责你所做的一切，存储你所学的一切，还负责你经历的一切，你记住的一切，你期待的一切。简而言之，它负责让你成为你。事实上，你学到的每一则知识，掌握的每一项技能，拥有的每一段记忆，知道的每一个事实，都被编码在这些神经元网络中。这就是为什么那些数以亿计的神经元会跟你终身相伴——你肠道内膜中的所有细胞可以每两到四天更新一次，你所有的红细胞可以每四个月更新一次，但你仍然是你。可如果替换掉你所有的神经元，那你就会变成一个全新的人。

神经元在大脑中形成网络，相互连接并互通有无。这一特性造就了神经元的异常形态，让它们与身体中的其他细胞看起来截然不同。当然，我们身体中的细胞本身就因为功能的不同，彼此之间有着巨大的差异。例如，肌肉细胞的外观和作用与皮肤细胞就不同。有些细胞则有着特殊的构成，例如耳朵中的毛细胞有移动部件，可以将振动转化为声音。红细胞扁平且具有弹性，可以让氧气渗透进去，挤入微小的毛细血管，并运送到全身。但即使身体的细胞如此奇异多样，神经元也依然显得非常特殊。有些看起来像树，有些看起来像长着长茎和尖瓣的小苍兰，上面布满了从细胞体突出的细丝，有些长有些短。神经元的结构是神经元特殊能力的核心所在，使它们能够连接到其他神经元，从而在神经网络中彼此通信。

神经元有三个特性，使它们可以在神经网络中相互沟通。首先，神经元可以相互连接；其次，神经元可以被激活；第三，活跃的神经元可以把信息传递给其他相连的神经元。

我们观察从细胞体冒出的细微突起时，就会找到神经元之间的连接。这些突起的末端就像扁平的小按钮，与其他神经元末端的扁平按钮相邻。这些按钮没有完全接触，之间有很小的间隙。这些神经元之间的连接点叫作突触，突触是神经元形成和维持连接的方式。

一个神经元被激活或"启动"时，会产生一个电信号，这个信号会传播到整个神经元及其所有的突起。换句话说，神经元内的通信是由电信号引起的。你可能很了解电——为灯泡和冰箱供电的家庭电流，以及当用气球摩擦头发时使头发竖起的静电。这两种电都依赖电子的运动。第三种电——生物电，通过移动离子（带电的原子或分子），在细胞膜上产生电荷。在神经元中，电荷通过改变细胞膜两侧的钠离子和钾离子的浓度而产生。

电信号可以非常快地从神经元的一端传播到另一端——跨越神经元的短突起（树突）和长突起（轴突）。细胞膜中的小孔或孔口相当于门，这些门在神经元被激活时打开，让钠离子涌入。这会产生一种叫动作电位的电脉冲。脉冲激活神经元，使其能够与其他神经元交流。不过并不是所有的神经细胞都在大脑中，这种电脉冲是全身神经细胞传递信息的方式。这就是为什么如果你不幸触摸到电流，肌肉会迅速收缩，还感到非常痛，这是因为电刺激到了你手臂和手部的外周神经。

但是神经元如何相互交流呢？这发生在突触（神经元之间的连接）之间。神经元受到一种叫神经递质的化学物质的刺激，这种化学物质会产生沿细胞传播的动作电位。这些神经递质化学物质来自轴突和树突末端的小按钮中，当神经元被激活时，神经递质被释放到两个按钮的间隙（突触间隙）中。这些化学物质穿过缝隙到达另一个按钮，在那里它们撞击表面的受体，并影响下一个神经细胞的活动。如果神经递质是兴奋性的，就会引起下一个细胞产生动作电位，从而将信号传递到下一步的突触。如果神经递质是抑制性的，就会阻止动作电位的发生。除了产生或阻止动作电位而带来的复杂性之外，大脑中还有许多不同的神经递质，任何一个神经元都将成为一个神经递质系统的一部分。大脑神经递质系统的变化会改变大脑的工作方式。

因此，神经元形成网络，突触形成了神经元之间的连接。在神经元内部，信息通过电荷传递。而在神经元之间，信息通过化学方式传递。

这些连接的模式和网络是使我们的大脑能够作为

信息处理系统工作的基础，最终使你成为你。每当你学习某些东西或做某些事情变得更快时，这些变化都是通过改变神经元之间的连接来实现的——现有的连接被加强或削弱，新的连接得以建立。这种可塑性意味着神经元的网络可以在更大的尺度上生长和改变，我们的大脑可以学习和适应。因为持续的可塑性和发展模式，你的大脑仍然是你的大脑，主要由与之前一样的神经元构成，但它每年、每天、每分都在不断地变化。虽然这种发展在你生命的最初几年内最为显著，但你的大脑可以并且会在整个生命周期中重新调整其连接和网络。

就像树状结构的神经元十分类似其他包含分支的自然系统（植物、血管、河流）一样，大脑本身的结构也非常类似其他系统的某些方面。比如一些系统需要表面积很大，但又需要折叠在较小的空间中，例如肺、鳃、树叶；同理，神经元并非在颅骨中挤成一团，而是组成了几个分散的结构，这些结构基本上遵循神经元本身的结构——细胞体（细胞核所在的地方）被分成小团状或更大的片状，连接它们的轴突形成了大大小小的信息超级高速公路，将神经元连接在一起。

在后续的章节中，我将细致解析大脑的结构，不过我们现在可以大致把脑结构分为皮质、小脑和皮下结构。当你观察人类的大脑时，看到的那些沟壑纵横的褶皱表面就是皮质。皮质是大脑的外层表面，包含许多神经元的细胞体，它们的轴突在皮层下方形成厚厚的连接束。由于轴突有纤薄的磷脂鞘看起来是白色的，而细胞体密集的层看起来呈灰色，所以，人们便用"白质"和"灰质"来区分大脑中的这两种结构，尽管它们由相同的神经元组成。

为了尽可能多地将皮质放入颅骨中，皮质被折叠成了"山峰"和"深谷"，这样我们的头部就不至于巨大无比。皮质展开时的大小约为12cm × 12cm——大约是一条茶巾的大小。小脑位于皮质下面，头部的后方：与皮质一样，由一层细胞体组成，折叠到更小的空间中。然而，小脑的褶皱与皮质的褶皱在外观上有所不同。小脑的褶皱更加细致，有点像蕨类植物。皮质和小脑都由两个半球组成——左半球和右半球。皮质下面是一系列较小的灰质核团（神经细胞体），通过白质束与皮层和大脑其他部分相连。它们对称地分布在脑干周围，反映了皮层的左或右组织。脑干位于脊柱顶部，是信息进出大脑的关键结构。作为中枢神经系统的一部分，脊柱将身体的相关信息输入脑干，就像是我们控制身体神经的通道。另一组神经——颅神经，负责把有关听力、视觉和味觉的信息传入脑干，并控制呼吸、表情和发音。

面对大脑如此复杂庞大的结构，我心生敬畏。大脑中的神经元有860亿个，光是想想就觉得复杂得不可思议，更不用说要去理解这些神经元之间是如何相互连接的了。我做了很多大脑成像，我们研究的最小大脑单位（体素，类似于电视屏幕上的像素，只不过是三维的）包含约630 000个神经元和比这更多的突触。神经元周围则有大约850亿个支持细胞——例如神经胶质细胞，功能为确保神经元能获得足够的营养并清理细胞废物——以及复杂的血管网络。你的大脑只占体重的2%左右，却消耗了血液中20%左右的氧气，因此它需要血液供应充足才能工作。

所有这些都整齐地装进你的脑颅骨结构中，而且几乎所有这些神经元在你出生时就已经存在了。这就是你在整个生命中都有连续自我意识的原因。当你看到小时候的照片时，你看到的那个身体里的大脑既与你现在的大脑相同（由相同的神经元构成），又完全不同，因为人脑在生命的最初几年会迅速生长，并在我们余生中继续受到经验的塑造。想象一下：在阅读这一章时，你学到的东西其实已经改变了你的大脑。

# 自然如何构建大脑？

# 大脑与演化

为什么我们需要大脑？许多生物不需要大脑。植物没有大脑也没有任何神经系统，它们也能感知和回应环境，尽管反应相对较慢。单细胞生物——由一个细胞组成的微小生物体（如变形虫）——没有大脑，但它们不仅可以应对环境，还可以通过嗅觉（探测化学痕迹）来"猎捕"食物（如细菌）。它们还可以躲避捕食者，甚至被证明具有学习能力。但是，一旦你比单细胞生物大，需要移动并能够进行复杂的活动，那么神经系统和大脑就变得至关重要。更大的身体需要协调更多方面，这就要求演化神经控制能力。更复杂的行为也需要演化出更强的神经控制能力。更强的神经控制能力则需要更为庞大和复杂的神经系统以及一个核心处理器（大脑）的支持。线虫长约1毫米，有302个神经元。我身高约1.6米，有约860亿个神经元。想想吧，我和线虫的神经元数量真是天壤之别。但这些神经系统是如何演化的呢？

想要探究大脑的演化，特别是哺乳动物的大脑，我们需要看看地球上生命的演化，因为最早的单细胞生物包含了在几千年后的某一天使神经元成为可能的遗传代码。我们还要思考什么样的生命体需要神经系统，什么样的生命体可能还需要大脑。

大约在38亿年前，随着细胞（生命的基本单位）的出现，地球上有了最初的生命迹象。细胞有一些基本特征：被细胞膜包围，可以代谢食物产生能量，并且通常可以分裂。这些微小的生命原子在水中演化，充满水的环境对微小的生命来说有很多优势——你不会"干涸"，像食物和氧气这样的必要物质也可以溶解在水中，你也可以把自己的化学物质释放到水中发送信号。然而，水性环境也给细胞带来了一个问题——如何才能在细胞内保持一个恒定的环境，同时阻止大量水分子通过渗透作用进入细胞导致其破裂？由脂质（脂肪）分子组成的细胞膜包裹着细胞，很好地解决了这个问题。

　　细胞膜自身能在一定程度上阻止水分子的进入，不过细胞还演化出了一种能力，能够将某些常见的离子（元素溶解在水中时形成的离子）从周围的水中泵入细胞内来控制其化学组成。例如，细胞内的钾水平通常比细胞外高约10~30倍。这种策略十分成功，所有生命细胞都通过这种机制稳定内部环境。令人难以置信的是，编码这些通道的基因比已发现的所有化石都要早。换句话说，地球上的所有生命都是因为这种远古的适应性变化才得以形成的。

　　细胞控制离子进出细胞的能力对我们理解动作电位产生的演化至关重要。离子除了改变液体的盐度外还携带电荷。因为钠离子和钾离子携带不同的电荷，如果细胞将钾离子泵入细胞内，将钠离子泵出细胞外，就会在细胞膜上产生电位差。这种电位差可用于产生动作电位——神经元用于传递信号的电脉冲。当释放电位差时，动作电位就会产生。也就是说，生物已经从单细胞生物必需的细胞膜机制发展到了可能利用这些细胞膜机制产生生物电。

在前一章中我们也看到，虽然神经元内的信息传递是电信号，但神经元之间的沟通却是化学信号。神经递质是什么时候出现的呢？我们同样可以在单细胞生物中找到起源。例如，一些被称为鞭毛虫类的微小单细胞生物是群居生物，它们成群结队地覆盖在岩石上，看起来就像地毯。它们使用化学物质彼此通信，协调捕食行为。这些化学物质被认为是神经递质的一个非常重要的前体[1]，因为它展示了细胞使用化学信号来协调大量细胞的行动。

令人难以置信的是，科学家们在研究基因如何编码细胞膜的闸门、突触的构造和神经递质的产生方式的过程中，发现这些遗传密码早在单细胞生命时期就已经存在，甚至在它们对神经细胞产生作用之前就已经存在。通常我们认为演化依赖于基因变异或基因变化，但在这里，我们似乎看到演化是重新利用了现有

---

1　在医学领域，前体指可以转化为另一种物质的物质。例如，叶酸可以作为甲硫氨酸的前体，因为叶酸可以转化为甲硫氨酸。——译者注（如无特殊说明，均为译者注）

遗传密码的结果。换句话说，大脑在演化的同时并没有产生全新的遗传序列。

因此，我们可以窥见38亿年前由单细胞生物组成的微生物所隐含的巨大脑力潜能。然而这些还不是真正的大脑！约9亿年前，化石记录中开始出现多细胞生物的最初迹象，如海绵等结构。海绵是完全无法自己活动的，也没有神经系统，但它们可以对环境作出反应，通过释放化学物质来改变它们在水中的移动方式。然而，这种信号传递可能是分散、缓慢的，并且难以控制。

一旦动物由多个细胞组成，神经系统就开始出现。这体现在特殊细胞的出现，这些细胞可以用来向身体周围发送信号。我们在前文中已经遇到过这些细胞——神经元，能够高效地传递信号，因为它们又长又细，能够相互连接，使得行为可以通过学习来塑造和改变。

目前最合理的推测是，神经元最早是从上皮细胞演化而来的，上皮细胞是形成身体表面（如皮肤或口腔内壁）的细胞。这一观点的证据来自水母，它们可以在上皮组织中产生动作电位，而且在大多数动物的胚胎发育过程中，上皮组织和神经元来自胚胎的同一部分。

最早拥有神经元的生物可能还没有大脑。梳状水母[2]大约在7.3亿年前演化而成，而水母则在6.8亿年前出现。水母的神经元形成神经网，神经网又组织成不同的系统。例如，一些神经网协调感光和重力的感觉信息，而其他神经网则协调运动。事实上，箱形水母的神经网甚至更复杂。它们是杰出的捕猎者，但没有中枢大脑：它们的神经网是结构化的，虽然有一些神经元细胞体的集合，但还没有出现类似于大脑的中枢神经元细胞体复合体。

人们对神经元是经历过一次还是两次演化的问题一直争论不休。有可能是一次：在梳状水母和水母的前体中演化的；或者两次：一次在梳状水母中，另一次在水母中，并由此传播到所有动物。

大约在6.3亿年前，第一个左右对称的生物出现了。左右对称性是指身体围绕一个中心轴排列，左右两侧互为镜像。这种对称性几乎可以肯定起源于蠕虫状的生物，最终演化出了地球上几乎所有多细胞动物，包括人类。这种左右对称性意味着这些生物有了头部，而这就是大脑开始发育的地方。

大约在5.4亿年前，寒武纪出现了生命大爆发，根据化石记录，海洋中开始出现了种类繁多的生物，其中许多动物身披重甲，这表明掠食非常普遍。这一时期动物留下的足迹从简单的直线型变得复杂多样，

---

2　尽管它们有 "水母" 这一名称，但实际上与水母并不相关，而是属于自己独特的类群。

这表明动物的行为模式出现了明显差异。而所有这一切都表明神经系统变得越来越复杂。

这时候，一种叫"皮卡虫"的生物出现了，在它身上，我们发现了第一个类似"大脑"的结构。皮卡虫体型短小，体长约3.8厘米，身体扁平，有尾鳍，可能会像鳗鱼一样游泳。尽管它没有明显的头部，但可能有一个非常简单的大脑。皮卡虫现已灭绝，但它的现代直系亲属文昌鱼拥有一个由 20 000 个神经元组成的简单大脑。通过研究这些大脑，我们可以发现不同的生物存在明显的结构性差异。虽然具有不同的神经元结构，文昌鱼看起来像一条扁平的蠕虫，外形也许平平无奇，但它却可能代表着大脑这个非凡世界的起点。

Chapter

3

—

大脑化学

我们研究人类大脑的结构，发现约有860亿个神经元时，很难不对其复杂程度感到惊讶。然而，这种复杂性还表现在另一方面，即大脑的化学特性。尽管沿着神经元传播的信号都是电信号，但神经元与另一个神经元之间的通信却是通过一种名为神经递质的化学物质介导的。这种机制在任何神经系统中都至关重要。

你一定还记得，神经元放电时会释放化学物质，这些化学物质会穿过突触间隙（神经元之间形成连接的地方）。受体检测到这些化学物质时，会引发神经元的兴奋活动（发送电冲动）或抑制活动。因此，神经元能够激活或抑制其他神经元的活动。在人脑和身体中存在许多不同类型的神经递质，它们与不同功能相关联，而这些神经递质都是在神经元内部合成的。

一些神经递质对大脑的影响非常广泛。大脑中两种非常重要和广泛分布的神经递质分别与兴奋性和抑制性作用有关。谷氨酸是一种兴奋性神经递质，能够增加神经元放电的频率。通常情况下，神经元的放电模式和连接方式的变化与谷氨酸密切相关，从而使其与大脑信息存储方式产生关联。相反，GABA（γ-氨基丁酸）是一种非常重要且广泛分布的抑制性神经递质，能够降低神经元的活跃程度。

谷氨酸似乎在各种神经元退化性疾病中扮演着重要角色，谷氨酸兴奋毒性是一个复杂的过程，过量的谷氨酸可能导致神经元死亡。这正是导致阿尔茨海默病和帕金森病的重要因素。癫痫发作与大脑电活动异常有关，而GABA可以作为药物基础来控制癫痫。GABA似乎通过其抑制作用来调节整个大脑的兴奋状态，一旦这种调控失衡，癫痫便有可能发作。

其他神经递质可能在作用上相对更具特异性，并作用于特定的脑区。多巴胺是一种具有多种作用的神经递质：参与启动和控制自主运动，也独立参与奖赏体验。此外，多巴胺在抑制哺乳动物产奶、调节情绪、睡眠和梦境中也扮演着重要角色。多巴胺是一种极其重要神经递质，与注意力、学习和工作记忆密切相关。帕金森病会影响多巴胺水平，患有帕金森病的人可能在身体活动和调节情绪方面遇到严重障碍。接受药物治疗（模拟多巴胺作用）后会表现得与大多数正常人一样。

神经递质在情绪处理中非常重要。5-羟色胺是一种调节多种神经心理过程和神经活动的神经递质。一项研究指出，很难找到一种不受5-羟色胺调节的人类行为。它对情感、感知过程、奖励体验、愤怒和暴躁情绪、饮食行为、记忆等都有影响。有趣的是，我们体内大部分的5-羟色胺并不分布于大脑中。5-羟色胺受体分布于身体的多数器官中，在心脏和血管、肺部、消化系统以及膀胱和肠道中都发挥着重要作用。5-羟色胺水平在某些精神疾病中可能会受到干扰，如焦虑症和抑郁症。抑郁症患者的色氨酸水平较低，而色氨酸是大脑用来合成5-羟色胺的分子之一。许多治疗抑郁症的药物都以调节5-羟色胺水平为目标，这对一些抑郁症患者来说效果显著，但并非对所有患者都适用。

一些神经递质在特定情绪中起着重要作用，比如去甲肾上腺素，一种存在于大脑和全身神经系统中的神经递质。它对威胁或危险的"战斗或逃跑"反应非常重要：在体内，许多和压力相关的变化都与去甲肾上腺素相关，包括瞳孔扩大、肺容量增加、心率增加、血压升高以及肠道活动减少。在大脑中，去甲肾上腺素与警觉度、唤醒状态、注意力、动机、奖励以及学习和记忆有关。事实上，一些研究表明，增加去甲肾上腺素会对记忆产生反向影响，使那些让我们感到压力或恐惧的事件在脑海里变得更加生动和详细。

一些相当常见的化学物质可以作为神经递质发挥重要作用。你可能曾经服用过抗组胺药来缓解花粉过敏，并且也可能已经注意到一些抗组胺药会让你昏昏欲睡。这是因为组胺也是一种神经递质，有调节维持身体平衡的功能，这种平衡叫作稳态。组胺可以让我们保持清醒状态，可以影响我们对饥饿和饮食的感知以及激励行为（感觉想做的特别之举）的各个方面。

神经递质不仅在大脑中起着重要作用，感觉系统的功能和肌肉活动也依赖于神经递质。乙酰胆碱是一种神经递质，在运动系统中发挥关键作用——调节下部运动神经元刺激肌肉的方式。乙酰胆碱在感知系统中也很重要，在神经元适应和学习的机制中（如记忆系统和注意力网络）也发挥着重要作用。

此外，还有一些其他重要的神经化学物质会影响神经元。催产素和抗利尿激素是神经肽，在分娩期间的子宫收缩和尿液排泄的控制中起重要作用。它们还在哺乳动物的社会行为中扮演着重要角色。虽然在人类身上研究这些物质极具挑战性，但目前有证据表明增加催产素水平可能会提高人类对社会信息的关注度，增加抗利尿激素水平似乎与认知功能的提高有关。催产素和抗利尿激素似乎都通过影响杏仁核来影响大脑——杏仁核是大脑中负责情绪处理、学习和社交信息处理的区域。

雌激素和睾酮通常被称为性激素，因为它们的分泌会影响青春期期间子宫内性特征的发育。两者对神经元的功能也有复杂影响：在许多活跃的大脑区域中，睾酮会转化为雌激素以发挥作用。大脑中广泛存在雌激素受体，影响着情绪和认知过程的各个方面，以及性行为和饮食。雌激素还对神经有保护作用，绝经后雌激素水平会急剧下降导致大脑功能受影响。

皮质醇则是另一类激素。它在大脑和身体对压力的反应方面起着重要作用，对睡眠周期也有重要影响，影响着你清晨醒来时的感觉（这可能是早起感觉糟糕的原因）。大脑中皮质醇的作用由杏仁核调节。相较于去甲肾上腺素，皮质醇对身体的影响反应较慢、持续时间较长，皮质醇水平长期较高对大脑和身体都有负面影响。

内啡肽是一种可以影响大脑功能的重要化学物质，属于神经肽——既能影响神经活动又能影响细胞生长的分子——且既存在于大脑，也存在于身体中。在身体中，内啡肽可以抑制疼痛，因此被称为身体内部的自然止痛剂。在大脑中，内啡肽抑制GABA的活性，进而促使多巴胺释放。神经元对内啡肽的摄取与运动、唱歌、进食、跳舞以及笑声等行为密切相关。有一种理论认为，人类的社会联系就与内啡肽的摄取有关。这个观点很有趣，因为运动、唱歌、吃饭、跳舞、大笑等活动确实是跟大家一起做的时候更让人开心。

由此可见，大脑的神经递质系统是多么复杂，但这还只是其中一小部分！通常我们把神经递质描述为功能简单、角色单一的物质，比如把多巴胺描述为一种"快乐"神经递质。你感到愉悦或受到褒奖时，确实能感受到多巴胺的"冲击"。但多巴胺对我们的自主运动能力同样至关重要。虽然5-羟色胺、乙酰胆碱和去甲肾上腺素都与记忆有关，但是它们在其他方面的作用却有所不同。想象一下大脑中860亿个神经元之间所有可能的连接，以及这些连接如何受到不同神经递质系统的影响，你就会意识到一种神经递质只负责某种单一功能的可能性是多么微小。

还有一个问题是：大脑如何对我们引入的化学物质作出反应？任何改变大脑功能的药物在某种程度上具有精神活性。因为血脑屏障的存在，许多药物无法通过血液进入大脑，因为血脑屏障是环绕大脑血管的致密细胞网络，限制了分子从血浆扩散到大脑的分子。这屏障实际上是为了保护大脑及其高度专业化的神经元，也意味着并非所有摄入的药物或化合物都能够在脑中产生作用。

酒精是一种非常普遍的药物，大多数人类文明都发现了这种物质，并将其应用到了庆祝和仪式等各种场合中。因为酒精是一种小分子物质，所以能够穿越血脑屏障，见效也非常快。酒精可以对大脑产生复杂而多样的影响，比如刺激GABA受体——抑制性网络的一部分——从而抑制大脑活动。为什么饮酒会让人平静，也会让人昏昏欲睡，原因就在这里。当然，这也是酒精带来危险的原因之一：过量饮酒会阻碍关键功能，比如呼吸。酒精还会抑制兴奋性神经递质谷氨酸的释放，导致大脑活动缓慢、决策和反应时间延长，降低行为的准确性。这两种影响都会使行为更加不受控制。

　　酒精与多巴胺的释放密不可分，多巴胺会带来愉悦感，但这种愉悦感会随着长期饮酒而逐渐减弱，这时人们通常已经养成了酗酒的习惯。酒精对大脑具有刺激作用，会刺激去甲肾上腺素的释放，也与内啡肽摄取增加有关。这种内啡肽摄取增加会产生愉悦感，相当于镇痛剂的作用。比如倒在浴缸里时还想着脱掉外套（我迎来千禧年的样子），当下不会感到疼痛，直到第二天才会有感觉。酒精还会刺激皮质醇的增加，而皮质醇是一种与清醒和压力应对有关的激素。这意味着尽管酒精具有镇静作用，但饮酒后的睡眠质量通常较差，并且更容易受到干扰。

　　咖啡因可能是世界上最普遍被使用的精神活性药物。这种物质茶和咖啡中都存在，具有提神醒脑的作用，而其工作原理则主要同腺苷有关。腺苷是一种在一天中会逐渐累积的神经递质，对大脑功能有抑制作用。当我们忙了一天，开始感到疲倦并想睡觉时，就是因为腺苷在起作用。咖啡因通过与腺苷受体结合并阻止腺苷抑制作用的积累，从而减轻嗜睡感。咖啡因似乎还对注意力有积极影响，而这则可能是通过腺苷与多巴胺的相互作用来实现的。尽管咖啡因只是一种温和的兴奋剂，但具有很强的成瘾性，其戒断反应也让人非常难受。

任何精神活性的物质——合法产品如酒精和咖啡因；非法药物如安非他命和治疗心理、精神和神经系统疾病的医用药物——都会影响你大脑中的化学物质，而引起的大脑变化可能是它们受欢迎或有效的原因。或许，面对任何可能影响大脑的东西，我们都应该三思而后行。

Chapter

4

—

我们是如何认识

世界的？

感官以及大脑处理和解释感官传递信息的方式，是我们了解世界的唯一途径。我们的所有经历都只是大脑对外部世界的最佳猜测。大千世界，信息纷繁复杂，不同生物能够处理的感官信息类型也各不相同。本章将以哺乳动物的感官为中心展开，但在探讨不同动物的大脑如何变化时，范围会适当拓展。

要讨论大脑是非常困难的，因为它是三维结构，复杂到令人难以置信。原谅我用各种比喻来解释，但一个形象的比喻是将左手或右手握成拳头——从拇指的一侧看，类似于两个半球之一，弯曲的手指代表额叶，拇指代表颞叶，手背代表顶叶。进一步想象：将手延伸至手腕连接处，这就是枕叶的位置。

所有感官都依赖于接收特定类型信息的特定器官或受体，这些器官或受体能够将信息转化为可发送到大脑的电信号。根据处理的信息类型不同，感知系统的工作方式也天差地别。

## 味觉

味觉和嗅觉被称为化学感官，因为它们依赖于对撞击受体的实际分子的检测。当你闻到或尝到某种东西时，实际上是正在处理它本身的一小部分——这样说可能有点令人不安，但事实确实如此。化学感官是演化过程中最古老的感官之一——单细胞生物通过释放化学物质向其他生物发出信号，还可以检测其他生物释放的化学物质。随着单细胞生物在水中演化，这些化学物质会在液体环境中扩散。当然，味觉也是如此，正是因为我们口中的唾液提供的液体环境，我们才能品尝味道。

味觉系统相当简单。我们只对味觉中五种不同的化学特征敏感：咸、酸、苦、甜和鲜。这些味觉是基于味蕾中的两种不同类型的受体。咸味和酸味受体实际上是相当基本的离子通道，与海绵中发现的受体几乎没有太大不同。甜味、苦味和鲜味是由更复杂的受体检测的，但它们仍然只负责处理我们吃到嘴里的食物。如果你对辣椒情有独钟，可能会惊讶地发现没有辣椒味的受体——辣椒是一种刺激物，而辣椒的"辣味"是由口中的疼痛感受器检测到的。

味蕾中的受体通过面神经（颅神经Ⅶ）和舌咽神经（颅神经Ⅸ）发送电信号。这些神经通过脑干和小脑的几个微小的中继站投射到大脑，然后投射到味觉皮质。味觉皮质之所以如此命名，是因为它是皮质中第一个接收味觉信息的区域，就隐藏在岛叶和额叶盖内。再次拿握紧的拳头举例，拇指就像颞叶，岛叶位于拇指的内侧，与食指接触的地方，额叶盖位于食指的第一个关节下方。

在这一点上，味觉与传入的嗅觉信息完全融合。我们实际体验到的味道是味觉受体的输出和我们吃喝时闻到的气味的整合。感冒时，可能会觉得食物味道很淡，那是因为鼻塞使你无法用嗅觉来增强味觉。

## 嗅觉

我们闻到气味是基于空气中的分子传播。虽然化学感官是在水中演化形成的，但当动物开始由水生向陆生进化时，分子通过空气传播让气味成为了一种非常有效的信息来源。我们的鼻子内壁约有400种不同的嗅觉受体，这些细胞带有微小的头发状突起，对某些分子的敏感度远比味觉受体高得多。当嗅觉受体探测到特定的分子时，我们会感受到相应的气味。当然，不同气味都由各种不同的化学元素组成。我们每种受体都有数十万个，这些受体与嗅神经相连。在人体中，这根神经直接穿过颅骨上的小孔进入皮层，绕过脑干和小脑，直接投射到嗅球，嗅球位于大脑前部的底部（用握拳脑类比的话，就在食指指甲下方）。从那里，它可以将信息传递到附近的味觉皮层，让味觉体验结合这两种信息。我有时会想，人类大脑对气味缺乏详细处理，是否导致了我们对气味非常感兴趣，但又难以准确描述任何一种气味。我可以试着解释为什么长笛声音与钢琴声音不同，但很难用语言描述咖啡与玫瑰的气味差异。这也从侧面反映了气味对人类似乎没那么重要，但相比之下，其他哺乳动物生活在一个气味世界中，大脑中有很大一部分专门用于处理气味的区域。对人类和其他灵长类动物来说，声音和视觉比气味更重要，所以大脑中处理气味的区域才会大幅减少，以及描述气味的词汇量也没那么多。值得注意的是，当人们接受品茶师或品酒师培训时，会将味道和气味映射到更广泛的概念标签上。

## 视觉

视觉与嗅觉、味觉一样都是化学感官，但也有所不同，我们的眼睛利用化学传感器来检测光线，这些传感器再将光能转化为电脉冲，然后通过视神经将信息发送到大脑。视网膜上分布着两种类型的感受器：杆状细胞和锥状细胞。锥状细胞擅长检测颜色，并且集中分布在黄斑中央，稍后我们将更详细地讨论黄斑。而杆状细胞分布在视网膜边缘，负责检测物体边缘和运动。

视网膜在演化中是"高度保守"的结构，存在于大多数脊椎动物和一些软体动物的眼睛中。视网膜被认为是中枢神经系统的一部分，只不过移位到了眼睛中。视网膜中的信息被编码到视神经中，以维持视觉世界的空间布局。这种布局一直保持到皮层，但也有一些变化：首先，在视觉信息到达丘脑中继站之前，它会经过位于脑干前面的视交叉，在那里，每只眼睛的某些视觉细节会发生交叉，这意味着来自世界右侧的所有信息都被发送到大脑的左侧，反之亦然。当你看世界时，视觉系统正在将世界的左侧和右侧拼合在一起。

视觉信息被发送到初级视觉皮层后，会以高度非线性的方式呈现。视觉皮层的大部分区域都用于黄斑及其周围区域，而用于周围视觉场的区域则要少得多。黄斑区是眼睛用来观察事物的部分，具有最高的分辨率，而在视觉外围（视力的边缘），分辨率非常低，甚至没有良好的色彩视觉。然而，这并不影响整体视觉感知。就像我坐在办公桌前一样，感受到丰富而详细的视觉体验。我的视觉世界就像电影屏幕一样，我可以自由选择要关注的事物。实际上，在任何特定时刻，我们只能获得非常有限的视觉细节。我们专注于某物时，只能获取关于所观察区域周围极小区域的详细视觉信息。尽管如此，我坐在办公桌前，并没有感受到视野边缘细节粗糙、没有形态、缺乏颜色，尽管在任何特定时刻，它们的确如此。

我们之所以感知到丰富完整的视觉世界，而不是只能看到周围模糊中心清楚的画面，是因为眼睛在不断移动。这种眼动发生频率为每秒两到三次。我指的是追踪移动物体时的眼动，比如一辆行驶中的汽车，而不是简单地注视一个静止物体时眼睛的微小移动。这些周期性的跳跃运动十分频繁，虽然我们几乎意识不到这种快速的眼动，但其实一直在构建自己的视觉环境。

一旦视觉信息到达皮层，就会经过非常复杂的处理，一些解剖学通路会提取周围物体的信息——对物体进行分类、识别面孔、解码话语的意义。这些通路沿着颞叶的底部向前延伸。其他视觉通路也会一直延伸到顶叶，并协调传入的视觉信息和我们身体的运动，比如引导我们下楼梯，或者帮助我们将钥匙插入锁孔。当然，我们也利用视觉信息来引导自己的眼动。我将在第五章详细介绍大脑中知觉和行动之间的这些联系。

## 听觉

我们听到的声音是一种特殊的振动，就像地铁在脚下经过时我们能感受到隆隆声一样。我们听到的大部分声音都是由周围空气分子的振动引起的。听觉系统的任务是将这些振动转化为电信号。人类的耳朵（以及其他哺乳动物的耳朵）通过一系列步骤将振动转化为声音。某物发出声音时，会使周围空气分子振动，这些振动到达耳朵时，使鼓膜移动。鼓膜是一层薄膜，将外耳和中耳隔开，后面有三块微小的骨骼，形成一个小桥梁，将振动从中耳传导到内耳的耳蜗。耳蜗是一个卷曲的结构，里面充满液体，来自微小骨骼的振动会使这种液体移动，进而推动毛细胞表面的纤毛摆动，从而产生通过听觉神经传至大脑的电信号。试想一下，耳朵中有这么多物理移动的部件，只是为了将声音传送到大脑，确实非常奇妙。这也解释了为什么长时间接触大声噪音很容易损害听力——移动的部件也会破损和磨损。

我们已经了解了视觉如何保持视觉信息的空间分布，相较之下，听觉保持的则是声音从低到高不同的频率信息。这种信息首先由耳蜗捕获，并完整传达到听觉皮层，但是声音到达这个皮层的过程很复杂。听觉信息在到达丘脑中继站并被导向听觉皮层之前，先经过大脑干的一系列核团的高度处理。这些核团似乎对我们的听觉至关重要，因为我们只有两只耳朵，必须通过比较输入信息来确定声音的空间位置。但这还不是全部，这些核团还会将不同来源的声音融合在一起。这一点非常重要，因为我们很少会在安静的环境中听到声音。

初级听觉皮层位于颞叶顶部，如果类比我们的拳头，初级听觉皮层位于拇指背面褶皱前沿，隐藏在拇指和手掌边缘之间的褶皱内。就像视觉系统一样，一旦声音传递到初级听觉皮层，就会被引导到不同的解剖通路。其中一个通路沿着颞叶向前延伸，与识别不同声音有关，比如不同的对话或不同的环境噪音（厕所冲水声或门"砰"地关上的声音）。这个神经网络似乎在我们用其他语言系统交流时尤其重要。

另一条通路向后延伸，通往顶叶，对处理声音在空间中的位置以及指导我们的发声动作（说话、唱歌或演奏乐器）都至关重要。

## 体感（触觉）

触觉感受器存在于我们的皮肤和黏膜中。触觉本身由几种不同类型的感受组成，每种感受都有不同的感受器。

第一种感受器是压力。当外界物体施加压力到皮肤上时，会导致皮肤机械感受器的扭曲，从而让我们感受到压力。这些细胞类似于毛细胞，需要移动才能向大脑发送信号。压力感受器非常重要——它能告诉我，我已经按下了电脑键盘上的一个键，同时意识到我仍然坐在椅子上。这些机械感受器因皮肤类型而异，人类的皮肤通常被粗略地分为"有毛皮肤"（例如手臂上的皮肤）和"无毛皮肤"（手掌、指尖、脚掌和嘴唇上的皮肤）。

第二种感受器是默克尔细胞，它们有非常精确的空间细节感知能力，常分布于指尖，擅长感知边缘和形状。比如在口袋里摸索钥匙时，当你用手指在表面上滑动时，它们能够区分不同的纹理。

触觉小体是存在于指尖、嘴唇和身体其他部位的感受器，对轻触非常敏感。它们的反应速度比默克尔细胞更快。你可能会注意到，无毛皮肤主要分布在我们用来主动探索世界的身体部位，比如手掌和嘴唇。

分布在身体其他部位（有毛皮肤）的帕西尼小体也是一种感受器，用于检测粗糙或光滑等宽泛的纹理差异，对触觉的反应非常粗略：它们不能很好地分辨空间。如果你闭上眼睛，让朋友触摸背部，会发现很难确定对方用了多少根手指，但如果触摸的是嘴唇，你会发现很容易分辨。

所有这些不同类型的感觉都来自我们的皮肤（包括有毛皮肤和无毛皮肤），包括来自疼痛和温度感受器的感觉，都被传送到脊髓，由脑干和丘脑中继站处理，然后发送到初级躯体感觉皮层。从我们的大脑拳头来看，这是一个位于顶叶的灰质条带，从食指的褶皱一直延伸到指关节。这里保留的表征是人体的映射，表示感觉被映射到人体的感觉位置上。然而，该映射不会遵循身体不同部位的大小。相反，有更详细触觉感觉的身体部位占空间较大，因此在身体地图上，面部、嘴唇、舌头和手的空间更大，而背部或腿部的空间则小得多。

## 本体感知

你可能经常听说人类有五种感官，事实上至少有八种，尽管有的可能不那么显眼，但极其重要。本体感知有时与体感归为一类，它是我们对身体部位在空间中位置的感知。例如，闭上眼睛用食指触摸鼻子时，本体感知会帮助大脑引导手指到正确的位置。本体感知依赖于关节和肌腱中的感受器，如果本体感知出现问题，即使是像穿衣这样简单的任务也会变得非常困难。

## 平衡感

平衡感使我们能够在空间中移动，因为它可以帮助我们协调运动感知和动作。内耳中的前庭通过感知重力和线性加速度来协调身体运动。尽管关于这条通路仍有很多需要研究的地方，但很有可能是把信号投射到岛叶皮层。这个区域与听觉皮层相邻，但位于颞叶的内部，而听觉区位于外部。前庭通路的一个关键作用是与眼球运动的控制相互作用，当这两个神经网络之间不匹配时，我们就会开始感到非常不舒服，这就是晕车的原因。

# 内感觉

这种感官将关于身体中许多不同类型组织和器官的信息传递到大脑。这些信息的来源包括心率、呼吸、泌尿生殖系统、胃肠系统和体温调节系统。有趣的是，来自不同神经网络的信息并没有沿着大脑中的单一通路传递，而是输入许多不同的脑区。这与我们讨论过的其他感官系统都不同，说明大脑可以以多种不同的方式与内感受信息交互。

# 与世界的互动

我们与世界互动时，会做出各种动作，比如摆动手臂、晃动腿部、张张嘴巴、抬高眉毛、摇动脚趾。这些动作都由大脑中的一种层次结构网络实现，这个网络专门控制我们通过骨骼肌（与心脏或肠胃中的肌肉不同）做出动作。无论哪种运动控制（有几种不同类型），最终的结果总是通过神经肌肉突触刺激肌肉。神经系统中有两种类型的运动神经元：下运动神经元从脑干和脊髓投射到肌肉，上运动神经元则从大脑的其他部分连接到颅神经和下运动神经元。尽管听起来很复杂，但当你摇动脚趾时，你的大脑和脚趾之间只有两个神经元参与这一过程。

我们先从刺激肌肉运动的下运动神经元层面开始讲。这些神经元的功能类似于反向的感觉器官，通过这些神经元传递的电脉冲刺激神经肌肉接头的突触，从而刺激肌肉运动。但是，这种信息是如何传送到肌肉并引起它运动的呢？

我们的大脑和神经系统通过四种主要方式控制运动。第一种也是最简单的方式是无意识反射。例如，当医生敲击你的膝盖前部时，你的腿会抬起，这是一种无意识反射，完全由感觉神经元、下运动神经元和脊髓介导。敲击会拉伸膝盖前部的韧带，向脊髓中的细胞体发送信号，细胞体会检测到拉伸，并向膝盖周围的肌肉发送信号，使其移动以补偿感知到的拉伸。这根本不涉及上运动神经元或大脑。某些无意识反射则是通过脑干中的下运动神经元传导的，例如瞳孔的反应（瞳孔是眼睛前部的黑色孔洞，在明亮光线下会收缩），以及产生由软腭刺激引发的呕吐反射。高度熟练的行为，例如走路，也是由这些脊髓和脑干反射介导的。

第二种运动系统包括上运动神经元，其细胞体位于皮层或脑干中。它们可向下发出信号，投射到下运动神经元，从而控制肌肉的运动。脑干中的上运动神经元对我们如何调整姿势，以及根据眼睛、耳朵、前庭（平衡）器官和内部感知状态的信息来判断自己在环境中的定位都非常重要。当你听到响亮的声音并转过头去看时，脑干中的上运动神经元会协调这一动作。

相比之下，皮层中的上运动神经元与更复杂的行为有关，例如控制自主运动和复杂的运动序列。在初级运动皮层中，我们发现上运动神经元的细胞体排列成身体地图。它位于体感身体地图的正前方，从大脑拳头的手指关节向下延伸到手掌。同样，初级运动皮层中的身体地图不是线性的——我们对身体部位的控制越精细，初级运动皮层中用于该身体部位的空间就越大。因此，我们在这张地图上为脸部、下嘴唇、舌头和手部留出了很多空间，而为脚趾、膝盖和肩膀留出的空间则少得多。

运动前皮层（位于初级运动皮层前）也包含直接影响上运动神经元的细胞体，这两个区域对协调复杂的运动至关重要。刺激初级运动皮层的一个区域，你会得到单个肌肉群的运动：手指可能会抽动，或者整个腿部都会抽动。如果你刺激运动前皮层，会看到更复杂的运动序列。这些前运动区域对计划和控制复杂的运动序列以及意识的某些要素都很重要。

此外，还有两个重要的系统参与运动控制。它们直接与上运动神经元交流，并可以调节上运动神经元的运作方式。第三个运动系统涉及小脑，它位于大脑后部，视觉皮层下方。小脑可以纠正错误的能力使其在运动学习中非常重要。

第四个运动系统由基底神经节组成，它是运动控制的最后关键要素。基底神经节是位于脑干和丘脑周围环状的灰色物质小核，对启动上运动神经元的自主动作和抑制不适当的动作非常重要。例如，如果你拿起一个烫手的平底锅，会想立刻放下它，但如果放下它会更危险（里面装满了沸水），就可以用上运动神经元和基底神经节来克服这一点。

我们活动时，会使用感官信息来指导行动。如果你在牙科接受了麻醉，半边嘴麻木，说话就会很困难。我们可以在运动系统中看到这种感官信息的重要性，因为大脑的感官部分（如视觉、听觉和体感皮层）会输入初级运动皮层。

　　灵长类动物的动作控制最有趣的方面之一是它们对动作有更大的自主控制权，而且动作控制也更为复杂。这些系统最复杂的表现形式存在于人类身上。有趣的是，手等结构的演化与这些结构的神经控制演化之间也有关系。在伦敦动物园看松鼠猴时，我发现我的手跟它们的手看起来并没有太大的不同（除了大小），但它们不能独立地移动手指——当然了，这已经能满足灵长类动物对手指的主要需求，例如用整个手握住树枝。到了黑猩猩阶段，出现了更精密的抓握，即通过对食指和拇指的精细控制来操纵物体。然而，只有人类才能强力地精密抓握，这意味着我们可以使用针、笔和切割工具。其中的原因一部分可以用解剖学来解释——人类的拇指比其他灵长类动物的拇指长，反映了我们对手部神经控制的变化。人类许多非凡的成就来自我们令人难以置信的身体和大脑对它的精细控制。

# 人类大脑的
# 广阔世界

我们已经知道了信息如何进入大脑，以及我们如何用大脑控制世界。在本章中，我们将探讨"中间"的部分——人类的许多介于感知和行动之间的系统，以及这些系统对人类大脑灵活性的贡献。

## 关联皮层

除了已经讨论过的感觉和运动皮层区域之外，我们的大脑还包含关联皮层区域。这个皮层不直接连接到传入感觉信息或传出运动控制的部分，但它似乎在感知和行动之间架起了一座桥梁。与其他灵长类动物相比，人类的关联皮层面积要大很多，这表明人类大脑的一个关键特征是我们在感知和行动之间具有更多的计算能力。

除了初级感觉皮层、初级运动皮层和前运动皮层，关联皮层覆盖了人类皮层的绝大部分。关联皮层区域接收来自感觉和运动皮层的信息，并整合和扩展，以完成更复杂的思维和行为。关联皮层区域投射到海马体、基底神经节和小脑、丘脑和其他关联皮层区域。人类最大的关联皮层区域位于颞叶、额叶和顶叶。

# 关联皮层——颞叶

颞叶似乎对识别事物非常重要。我们回顾一下大脑握拳模型，颞叶就是拇指。听觉信息进入颞叶的上部（或顶部），视觉信息从大脑后部的枕叶进入颞叶的下部（或底部）。颞叶的上部识别口头语言，如果我们沿着大脑的底部观察颞叶负责视觉的部分，会发现处理各种视觉信息的视觉区域，这些区域使我们能够区分人和物体。

非常笼统地说，颞叶的作用之一就是完善和协调视觉和听觉信息，这意味着当我们观察颞叶的前部时，会发现大脑区域以相同的方式对有意义的信息作出反应，无论这些信息是通过视觉还是听觉获得的（书面语言或口头语言）。语义性痴呆这种疾病最先影响颞叶前部，第一个症状通常是无法理解词语的意思。如果患上了这种可怕的疾病，患者仍然可以听到单词并正确理解物品的使用方法——他们可能不知道"marmalade"（果酱）是什么意思，但知道把它涂在吐司上而不是擦在头发上。随着病情加重，颞叶受损的程度越来越严重，他们开始在说话时犯更多的错误，并开始难以复述单词。

颞叶反应存在半球差异，像读单词和训练听力这样的语言过程主要发生在左颞叶中，而右颞叶在处理非语言信息（面部、眼神交流、声音和音乐）方面非常重要。语义性痴呆患者的损伤通常从左颞叶的前部开始，如果损伤从右颞叶开始，往往最初会出现人格改变的情况，这可能是由于他们在理解声音和面部表情的社会意义方面存在困难。

## 关联皮层——额叶

观察握拳大脑模型，额叶位于大脑的最前面，在与食指的指关节连接处之前。它从初级运动皮层开始，然后向前移动，是前运动皮层，其中包含用于控制手、眼睛、呼吸和说话的肌肉的特殊区域。这里出现了不对称性：初级运动区域的左半部分控制身体的右侧，反之亦然。因此，初级运动皮层的单侧损伤会导致患者身体对侧出现明显的运动问题。在颞叶中看到的语言不对称性在这里也可以看到——与语言产生（说话和写作）相关的运动前区域最常位于大脑的左侧。

继续向大脑的前部移动，我们会发现额叶关联皮层，这些皮层在整合信息、计划反应和抑制不适当反应方面似乎尤其重要。额叶关联皮层受损的患者通常可以很好地康复，智力能得到恢复，也能正常使用语言，但在生活和工作中，他们可能出现异常的决策和行为，比如会在财务决策上闯下大祸，或在语言上表现得更加不受控制。我们经常提到的"寻求新奇行为"也与巨大的额叶有关——人类和其他灵长类动物对新奇的事物总是抱有高度的好奇心。

## 关联皮层——顶叶

顶叶从额叶向大脑后部延伸，包含体感皮层，并与大脑的视觉和听觉区域相连。顶叶似乎在感知身体所处的环境以及联系感觉和动作方面非常重要，似乎还对我们如何关注周围世界发挥着非常重要的作用。例如，由于中风导致的右侧顶叶受损会导致"左侧忽视"，在这种情况下，虽然患者可以看到和听到信息，但不会注意左侧的事物。这是一个相当令人困惑的问题——患者可能不会回应从左侧向他们说话的人，或者可能不会吃盘子左侧的食物，当被要求描绘一张人脸的图片时，他们可能只会画出人脸的右侧。有趣的是，部分问题可能在于左右顶叶都有注意系统。左侧的注意系统将注意力引导到我们周围环境的右侧，并非常专注于我们用惯用手做的事情。右侧的注意系统对周围的一切关注似乎都更加分散。当右半球系统受损时，我们的注意力会集中在左半球系统上，而这个半球总是将注意力拉向事物右手边的方向。因此，"左侧忽视"似乎更像是"对右侧过度注意"。

# 扣带回

扣带回位于大脑中部，在胼胝体上方——胼胝体是一条巨大的白质束，是两个大脑半球交流信息的主要高速公路。扣带回的前端是前扣带回，位于额叶的正后方，在注意力要求较高的任务中起重要作用，可以帮助你检测错误或忽略干扰信息。前扣带回在产生情绪和声音方面也非常重要，当你把煎锅砸在脚上并大声喊叫的时候，这就是前扣带回皮层在起作用。

# 岛叶

让我们回到大脑拳头模型，岛叶位于拇指内侧与手掌和食指接触的地方。与扣带回一样，岛叶参与了许多大脑过程，但它在处理内部感知、疼痛和自我意识方面尤为重要。其中，左前岛叶对我们大声朗读时的发音控制也至关重要。

# 海马体

观察颞叶，即大脑拳头模型中的拇指，我们会发现一些极其重要的脑结构。海马体因看起来有点像海马的结构而得名，位于每个颞叶的中部。海马体在空间处理和记忆形成中起着至关重要的作用。研究表明，海马体中有一些细胞可以绘制出我们在特定空间中的位置（位置细胞），这些细胞与周围内嗅皮层中的细胞相互作用，内嗅皮层绘制出我们在空间中的移动方式（网格细胞）。这构成了哺乳动物导航能力的神经基础。如果一个司机在长达数年的时间里训练自己用脑子在伦敦街区导航，那么他的海马体会比那些刚开始认路的司机或沿着特定路线行驶的司机的海马体更大。海马体也是我们形成新记忆的核心：白天，我们将记忆编码到海马体中；睡觉时，我们将这些新信息整合到海马体周围的大脑区域中。有充分的证据表明，我们在睡眠特定阶段所经历的梦境是这一信息整合的一部分，也是大脑试图理解这一过程的尝试。这也是为什么我们睡一觉醒来再学习新知识会更加高效，因为我们学到的东西会在睡觉时被整合到现有的知识和记忆中。不幸的是，海马体通常是阿尔茨海默病的攻击目标，这可能也是为什么人们形成新记忆的能力会随着视觉空间技能的损害而下降。

## 杏仁核

杏仁核位于海马体的前面，在情绪处理、情绪记忆的形成和面部感知中极为重要——杏仁核受损的患者无法通过面部识别他人的情况（脸盲症）并不罕见。杏仁核内部还有一些非常重要的程序，协调我们从经验中学习和快速应对威胁性刺激的能力。事实上，杏仁核受损的患者可以告诉你什么会让他们害怕，但可能很难识别出害怕的表情。

## 下丘脑

下丘脑是位于丘脑正下方的小结构，包含许多微小的核团，控制着体温、睡眠和醒来的周期、催产素和加压素的释放、人类生长激素的释放、进食的某些方面，还控制人们的饱腹感，以及心率和血压。因此，下丘脑对于维持大脑和身体的平衡至关重要。

## 脑干

脑干位于脊髓的顶部，我之前在讨论感知和行动时提到过，它含有许多核团，用于向大脑输入和输出信息。脑干还包含一些对意识、呼吸控制和呕吐控制至关重要的结构。因为大脑漂浮在颅骨内部，而颅骨形成一个封闭的空间，所以任何导致颅压升高的因素，如动脉破裂出血或脑肿胀，都可能压迫和扭曲大脑。随着压力的增加，脑干会被向下挤压，而这往往会危及生命。因此，在头部受伤后应该密切监测呕吐和意识变化，因为这些可能是脑干受压的迹象。

在前面的几个章节中，我们看到了人类大脑在解剖学上的极端复杂性。复杂的大脑很危险，而简单的大脑也可能非常有用。我的同事在佛罗里达州的一次会议的休息期间决定去骑自行车，当他们看到一条死去的鳄鱼时，非常好奇并停下来下车观察。他们越走越近，甚至向那条死去的鳄鱼扔石头。这时，这条还没有死的小脑袋鳄鱼让他们离得足够近，突然跳了起来，追了他们很长一段路，吓得他们不敢回去取自行车。这个故事提醒我们，大脑可能并不是越大越好。

身体不同，

大脑不同

本书以人类为中心来探索大脑，有些"厚颜无耻"。毕竟，演化不光影响了人类，还塑造了所有动物的大脑和身体。所以在本章中，我想花一些时间观察各种不同的动物及其大脑，并探讨它们的大脑与身体、感知世界的方式与行为之间的关系。

## 鳄鱼

既然上一章以一只鳄鱼智胜一群神经科学家而结束，那么我们就从它们的大脑开始吧。伦敦动物园里有一块鳄鱼的头骨，约40厘米长，眼睛和鼻孔处有洞，牙齿让人毛骨悚然，还有一个仅容纳食指顶端关节大小的小洞——它的整个大脑曾经就在那里。尽管脑部相对较小，鳄鱼仍然有卓越的成就——它们是食物链顶端的顶级捕食者，能够以各种不同的声音有效沟通并向其他鳄鱼发出信号。甚至有人曾经训练它们识别自己的名字（尽管我不相信它们会成为很棒的宠物）。所以，虽然脑部相对较小，但鳄鱼的实力却十分惊人。

鳄鱼较小的脑中包含一些和人相似的结构——脑干和丘脑的一些部分，较小的小脑，以及相对较大的嗅觉区域。这与它们出色的嗅觉能力相匹配——能闻到4英里（约6.4公里）外动物尸体的气味。尽管视力并不出色，但它们能在水下看到东西。虽然它们也能听到声音，但与哺乳动物相比，爬行动物的耳朵对声音的敏感范围可能更窄。

## 章鱼

至少7亿年前，人类还处在演化史的早期阶段，那时候人类和章鱼有着共同的祖先。章鱼与蛤蜊、蜗牛同属于软体动物门类，同时，章鱼又归属于头足类动物（同类有鱿鱼和墨鱼）并在演化中摆脱了贝壳，演化出了异常有趣且与众不同的大脑，并形成了高度复杂的行为习惯，包括高效捕食。有人提出，如果我们想与外星智慧生物互动，可以从研究章鱼的大脑和行为开始。头足类生物大脑的演化与脊椎动物大脑的演化完全不同，这两种大脑之间的差异确实令人惊叹。

人类和其他脊椎动物的大脑被头骨包裹，通过脊柱与身体交流。章鱼有大约5亿个神经元（远超过任何其他无脊椎动物）和9个大脑：位于口部附近的中央大脑（这在所有软体动物中都很常见），以及每个触手的底部都有大脑。这些触手的大脑使触手在需要时独立运作，处理来自触手的感官信息，包括触觉、味觉，甚至可能还有视觉信息。这种复杂的脑部系统以及高度可塑的身体结构使章鱼具有较强的认知能力和身体灵活性，让它们能以高度复杂的方式解决问题并探索世界。此外，有许多关于章鱼与人类社交互动的报道，包括展示触觉和一起游戏，因此，也许我们对它们来说也是一种十分有趣的动物。

## 昆虫和甲壳动物

人们很容易认为大多无脊椎动物的大脑不是那么有趣——虽然达尔文认为蚂蚁的大脑是"世界上最奇妙的物质原子之一"，我们很难想象竟然能在如此微小的动物身上产生如此复杂的行为。在无脊椎动物尺度的另一端还有螳螂虾。螳螂虾是一种生活在缝隙中的大型甲壳类动物，是听起来有些可怕的捕食者，能够击碎或刺穿猎物。它们非常强壮，据说可以撞碎水族馆的玻璃墙。螳螂虾具有非常复杂的视觉系统。许多动物，包括昆虫、头足类动物、爬行动物和鸟类，都可以看到偏振光——光线中波浪的方向性。但螳螂虾是我们所知的唯一可以看到圆形偏振光（光波像螺旋一样向外扩散）的动物。这反映在它们非常复杂的眼睛结构上，也反映在它们的身体上——螳螂虾是唯一一种身体表面能反射圆形偏振光的动物。这充分证明这种能力是用来探测其他螳螂虾的，也可能是为了避免打架！从神经系统的角度来看，螳螂虾与其他甲壳类动物不同，因为它具有蘑菇体。蘑菇体是昆虫大脑中的神经元群，在学习和短期记忆等行为中起着重要作用。关于这一点的含义存在争议——螳螂虾复杂的大脑与其复杂的行为一致，但人们一直认为蘑菇体是在昆虫与甲壳类动物分离约4.8亿年后才演化出来的。在螳螂虾中发现蘑菇体，表明蘑菇体在这之前就存在，或者螳螂虾和少数其他甲壳类动物（如寄居蟹）一样，经历了某种程度的趋同演化，这些甲壳类动物表现出更复杂的行为，比如为了觅食而长途跋涉。昆虫的蘑菇体与嗅觉密切相关，而嗅觉是昆虫的重要感官，因为许多行为都是由信息素（驱动行为反应的分子）驱动的。

## 鲨鱼

鲨鱼是非常古老的脊椎动物，它们的行为远比电影《大白鲨》中所描绘的要复杂得多。鲨鱼的大脑与人类大脑中的特征在某些地方有相似之处——有一个类似脑干的结构来协调感觉和运动，还有一个小脑和一个相对较大且相当复杂的嗅球。鲨鱼在捕猎时主要依靠嗅觉，它们的视力可能相对较差。

鲨鱼还为我们提供了一个有趣的例子，可以说明大脑的大小与母性投入之间的关系。这种关系在自然界中很常见，如果母亲花更多时间照顾后代，那么后代往往具有更大的大脑。因此，卵生鲨鱼（几乎没有母性参与或照顾）的大脑比胎生鲨鱼的要小。胎生鲨鱼的大脑不仅更大，而且更复杂，有一个"前脑"——实际上是我们人类大脑中皮质结构的前身。请注意：胎生鲨鱼母亲在幼鲨出生后不会提供照顾，它们的母性参与在怀孕的时间里就完成了，因为大白鲨怀孕需要11个月！

## 鸟类

和鳄鱼一样，鸟类也属于爬行动物，但我们在它们的脑中发现了更复杂的结构。首先，就大脑占身体的比例而言，鸟类大脑占身体的比例比其他爬行动物的大脑更高。与其他爬行动物相比，鸟类的大脑皮层和小脑相对更大。它们还将更多的大脑区域用于视觉处理，而嗅觉区域较小。这表明嗅觉对鸟类可能不那么重要。有些鸟类，比如鹦鹉，它们的大脑皮层甚至更大，这似乎与它们用爪子和喙操纵物体的能力有关。蜂鸟的小脑也非常大，这与它们悬停的能力和悬停时稳定视线的能力有关。

有些鸟类，如鸣禽，也是优秀的声音模仿者。幼小的鸣禽在成长过程中从成年鸟类那里习得自己的发声技巧，这与人类婴儿类似。不过，与鸣禽不同的是，人类保留了终生学习新发声技巧的能力。这种能力实际上是自然界中非常罕见的技能——鳄鱼无论在哪里长大，发出的声音都是一样的。除了某些鸟类和人类之外，某些海豹、鲸鱼、海豚、蝙蝠、大象，甚至山羊和小鼠也有声音学习的能力。声音学习能力有很强的遗传成分，同样的基因（FOXP-2）出现在许多动物中。FOXP-2在鸟类和人类的不同大脑区域表达，尽管这两个物种在演化上有巨大的差异，但这个基因似乎是两者声音学习的基础。

## 大象

大象用声音表达的程度很高，可以发出各种各样的声音，并且能够学习发出新的声音，之所以这么做，是因为要和其他大象交流。它们那长长的鼻子，其实是高度伸展的上唇，包含了鼻孔。极其灵活的鼻子主要用于在地面上寻找食物，但大象也会像人类用手或老鼠用胡须一样使用它的鼻子，来不断探索周围的环境。此外，就像我们拥抱或牵手一样，大象也会用它们的鼻子来接触、表达感情和引导彼此。这种声音和接触对它们极其重要，大象生活在复杂的社会群体中，会了解自己与其他群体之间的联系和冲突，详细了解周围环境，例如水源在哪里。这些知识，无论是社会的还是空间的，对群体的生存都至关重要。

来观察一下它们的大脑，非洲象的神经元数量是人类的三倍，但令人惊讶的是，97.5%的神经元位于小脑中。这很可能与这种大型身体（大象比人类大3倍以上）所需的协调能力有关，也因为它们必须控制自己的鼻子。大象的脑干也有一些明显的不同，可能与这些运动技能以及大象更复杂的声学使用有关。大象能听到的声音范围比人类更广，包括人类听不到的非常低的声音。大象可以用低音交流，而这些声音可以通过空气传播很远的距离。此外，有证据表明大象可以用脚通过地面的震动听到这些声音。大象更复杂的脑干核团可能反映了它们对耳朵和脚部检测到的声音的整合。由于大象的社会交流极其丰富，它们的颞叶非常发达，因为颞叶对感知社会信号（如发声）很重要。

## 蝙蝠

哺乳动物体型谱系的另一端是蝙蝠，一种小型飞行哺乳动物。许多蝙蝠在黑暗中飞行时捕猎，但不依赖视觉，而是利用回声定位的能力来探测空中的猎物（如昆虫）和感知周围的环境结构（如树木和墙壁）。蝙蝠通过不断发出高音调的声音，然后监听回声来感知外界环境。对蝙蝠大脑的研究表明，使用回声定位的蝙蝠有更大的下丘脑，这是连接耳朵和大脑通路中的一个小核。下丘脑在比较两个耳朵收到的信息时起着关键作用，它能帮助大脑确定声源的位置。蝙蝠需要在飞行中快速而准确地完成这个动作，因此较大的下丘脑对它们的生存至关重要。值得注意的是，不依赖回声定位而是通过声音和视觉捕猎的蝙蝠并没有更大的下丘脑，比如果蝠。

顺便说一句，人类也可以利用回声定位。如果你在两种截然不同的空间中（车内或大房间内）打响指，会发现声音非常不同，这正是由回声造成的。想象一下，弹击你的手指，或者用嘴发出咔哒的声音，并用它来导航！一些盲人确实会通过发出咔哒的声音来探索周围的环境。大脑研究表明，这是由支持视觉处理的大脑区域完成的，是大脑可塑性的另一个例子。

## 鸭嘴兽

鸭嘴兽这种单孔类动物，是一种半水生的卵生哺乳动物，前脚有蹼，毛浓密，雄性后腿上有毒刺。鸭嘴兽大约在1.66亿年前就与其他哺乳动物分化开来。它们的大脑具有脑半球，类似于其他有袋类哺乳动物，但缺乏胼胝体连接。鸭嘴兽擅长水下捕猎，这就引出了一个问题，即它们如何在闭上眼睛和鼻孔的情况下确定方向？鸭嘴兽有类似鸭嘴的喙，其中含有机械感受器，类似于皮肤中用来检测触摸的感受器，用于感知水中猎物移动时引起的机械振动。此外，鸭嘴兽的喙还包含两种类型的电感受器，能够探测猎物肌肉活动时产生的电活动。鸭嘴兽在游泳时会左右摆动头部，这有助于利用感官信息来定位猎物。大脑的很大一部分区域用于处理来自喙的信息，而喙还有一个作用是从河床中挖出食物。

## 狗

如果想观察大脑适应的实际例子，研究狗是很好的方法。狗是人类驯养的第一种动物，起源至少可以追溯至1.5万年前。狗由狼驯化而来，而狼和人类一样，是一种高度社会化且合作捕猎的哺乳动物。1958年开始的一项长期研究通过选择性繁殖银狐来探索了这种演化过程。该研究选择了一批不容易被激怒、较为温顺的银狐幼崽进行繁殖筛选和驯化，狐狸便开始表现出了一些非常常见的类似狗的行为，比如摇尾巴和舔人。大脑研究显示，与未经繁殖筛选的狐狸相比，驯化的狐狸的灰质增加了，特别是在额叶皮层、杏仁核、海马体和小脑中。这表明，针对人类行为的选择性繁殖可能与大脑质量的增加有关，尤其在行为控制、记忆和情绪的领域中。

当前有许多研究注重扫描家犬的大脑。一项针对特定繁育犬种的研究表明了显著的差异：用于狩猎的犬类与用于护卫或放牧的犬类之间在大脑结构上存在差异。此外，研究狗的大脑活动还揭示出与人类相似的显著特征。狗对人声的情感色彩表现出与人类似的大脑区域敏感性，而当面对熟悉的人类时，它们也表现出与我们相似的大脑视觉区域敏感性。这表明狗的驯化可能确实建立在人类大脑及其工作方式与它们之间的相似性的基础上。

# 大脑是怎样
# 衰老的？

在第一章中我们了解到，人类的脑神经元数量约为860亿个，我们在出生时就已拥有其中绝大多数，这些神经元与我们身体其他部位一样在孕期生长。这也导致了人类婴儿出生时拥有与其他哺乳动物相比异常庞大的大脑。事实上，人类婴儿之所以尽可能早地出生，一部分原因是他们对母亲的代谢要求非常高，另一部分原因则是如果长得太大，就无法通过母亲的骨盆分娩，因为人类直立行走的姿势限制了女性骨盆的宽度。这也意味着与其他哺乳动物相比，人类女性的分娩过程更加困难和危险。

人类婴儿的大脑体积很大，并且会迅速生长。从出生到6岁，大脑的体积会翻两番，大小已经接近成年人大脑的90%。如果我们在出生时就已经有了几乎所有神经元，那么是什么驱动了这种生长呢？实际上，这种体积的增大是由大脑内部发生的一些复杂变化驱动的。

在第一章中，我们了解了神经元的结构，即神经元由细胞体、长的轴突以及从细胞体或轴突远端延伸出的树突组成。轴突连接到更远的神经元，而树突连接到附近的神经元，这些连接叫作突触。大脑的变化（有关学习和发育的部分）主要通过神经元之间的连

　　　　　　Chapter 8　大脑是怎样衰老的？

接发生，可以通过加强现有连接，也可以通过培养新的树突连接。轴突外面覆盖着一层薄薄的磷脂鞘，这使大脑中的信息传输能沿着轴突快速传播。尽管每个树突或髓鞘都很小，但变化会发生在860亿个神经元中，大脑的形状和大小也会不断迭代。

婴儿期有大量树突连接，神经元之间形成了更多树突连接，这被称为"突触繁茂"。在生命的早期阶段，这些连接会迅速被"修剪"，然后速度变得缓慢。这意味着儿童的大脑发育不仅包括形成新的脑连接，还包括摆脱不需要的连接。这似乎与我们所了解的婴儿学习方式相吻合。例如，婴儿对人类声音的许多声学特征比成年人更敏感。随着婴儿开始学习语言，他们对语言学习所需的声学特征变得更加敏感，而对不相关的声学特征变得不那么敏感。对不相关声音的敏感性降低也许与承担这种敏感性的突触连接的丢失有关。

青春期时，开始出现更接近成人的突触连接模式。然而，这种模式在整个大脑中并没有同时出现。与感觉处理相关的脑区首先显示出这种成人模式，而前额叶皮层最后显示出这种模式。事实上，前额叶皮层的成人模式即使到18岁都未完全建立。"突触繁茂"和"修剪"之间的关系以及它们对发育中大脑和经验的影响仍在探索中。因此，大脑的连接模式在18岁时尚未完全形成。

髓鞘是在大脑发育过程中形成的。出生时，并非所有神经元都完全髓鞘化。髓鞘化是提高神经功能速度和效率的过程。人类大脑中的髓鞘化首先在出生后几个月内从视觉大脑区域开始，然后在第一年内延伸到其他感觉大脑区域。这个过程在其他皮层和皮质下系统会一直持续到25岁左右。

髓鞘化的模式已经与儿童和青少年认知技能的发展联系在一起，因为髓鞘化极大地提高了神经元电信号的传递速度，从而提高了神经元工作的速度和效率。在大脑中，髓鞘化的顺序大致是从后到前，从视觉皮层到前额叶皮层。额叶和前额叶区域在我们25岁左右时仍然没有像发育完全的成年大脑那样髓鞘化。

虽然人们可能认为儿童和青少年的大脑发育会以相对线性的方式进行，但突触连接和髓鞘化在大脑中以不均匀的方式推动。从出生到18岁的大脑结构显示出白质和灰质比例的非线性变化模式，这可能部分涉及髓鞘化，似乎还涉及由细胞死亡引起的细胞丢失。最近的一项调查研究了这种模式，发现大脑在整个青春期的体积都会增大，但灰质体积比例在儿童时期最大。在青少年时期，灰质体积比例会下降，而白质体积比例会上升。这表明青少年的大脑结构仍在发生重大变化。

在特定脑区方面，虽然皮质在整个青春期都会变薄，但顶叶的减少最为明显，而颞叶和前额叶区域的减少则不太明显（或者可以观察到生长）。

这种大脑发育模式似乎表明，我们的大脑直到20多岁才达到成熟的结构水平。青春期大脑成熟的模式显示，额叶和颞叶在朝向成人特征的发展中显示出与顶叶和视觉大脑区域不同的变化模式。额叶是最后一个完全髓鞘化的区域，与复杂的认知控制过程有关，即所谓的"元认知过程"。这些过程使我们能够计划行为、控制反应，并根据不同背景和要求调整行为，预测行为的后果和影响。额叶连接和功能的不足与青春期冲动冒险行为的增加以及更容易受到同龄人意见和行为的影响有关。

然而，尽管我们可能认为大脑在20多岁时已经达到了成熟水平，然后开始衰退，但这并不完全正确。我们将在下一章看到，大脑会因经验而发生巨大变化。任何新记忆或技能的习得都会反映在大脑的变化中。人类最伟大的能力之一是惊人的创造力和适应不同环境的灵活性，而这都依赖于大脑的可塑性。因此，成熟大脑实际上处于不断重塑和变化的状态。

尽管大脑在成熟阶段具有可塑性，但仍在不断变老。我们对衰老大脑的结构了解多少？健康老年人（63~75岁）的大脑结构成像显示，有一些明显的变化与年龄相关。随着年龄的增长，大脑出现了一些明显的变化：灰质和白质的体积都会下降，而脑脊液的量会随之增加，大脑的体积减小。在这个年龄段，灰质萎缩率最高的是初级皮层，包括初级听觉皮层、初级视觉皮层、初级体感皮层和初级运动皮层。顶叶皮层、额叶皮层和海马体的损失率也较高。这种模式与大脑的发育过程有一定的相似之处，因为前额叶皮层是最后一个显示成熟特征的区域，也是最后一个受到衰老影响的区域。在其他大脑区域中，随年龄变化的速率相对较小，而在某些区域（如基底神经节）速率可能会加快。

最后，如果"最高损失率"这样的词吓到了你，那么重要的是要注意到，与年龄相关的最高变化率约为0.83%，也就是说，每年不到1%。因此，在大脑的大部分区域，这种影响甚至更小，不会对大脑产生灾难性影响。

# 9

—

# 大脑如何又为何千差万别？

你的大脑不同于我的大脑，也不同于任何人的大脑，无论是在精确的解剖结构、编码信息，还是在功能方面。这是因为人类的大脑会受到人生经历和出生时所具有的某些特征（遗传背景）的影响。

## 生物学性别

首先，人类的大脑会受到生物学性别的影响。与身体不同，仅仅观察大脑并不能判断出其拥有者的生物学性别。然而，性别对大脑的大小有显著影响：即使考虑到身体大小，男性大脑也比女性大脑大。相比之下，女性大脑的灰质层较厚，通常表现为灰质与白质的比例更高。前面提到过灰质构成人类大脑的表面，它包含神经元的细胞体，而白质是由神经元的长突起构成，连接不同的大脑区域。女性灰质比例较高可能意味着，虽然女性大脑总体上较小，但它们在较小的空间内容纳了相当数量的组织来完成计算过程。当然，这并不能解释为什么男性的大脑更大，如果不是有更多计算能力，那又是为什么呢？同样值得注意的是，人类大脑新陈代谢的成本很高，因此较大的男性大脑是以更多的新陈代谢为代价的。此外，如前所述，人类的大脑会消耗血液中大约20%的循环氧气，因为维持神经系统工作所需的能量很大。正如我们看到的，能装下更大大脑的巨大头颅会导致人类女性在分娩时面临相当大的风险——全球范围内，每天约有800名女性死于怀孕和分娩。因此，我们的大脑需要自负盈亏。

## 智商

整体认知能力，通常称为智商，是人类存在差异的另一个重要因素。最近对英国数千人的研究表明，智商与大脑结构之间存在显著的相关性。这些相关性存在于大脑的许多区域，包括岛叶、额叶、颞叶前端和顶部、海马区、视觉区和丘脑。很容易将此解释为显示驱动智力的大脑区域，但当然我们不知道这些脑区是如何受到发育的影响的：是大脑驱动智商，还是智商影响大脑发育？我们从遗传研究中得知，智商是部分遗传的，但也会受到环境和机会的影响，这些可能也会影响大脑解剖结构的最终模式。值得注意的是，在这项研究中，老年参与者受到的影响更加明显，这表明生活经历会影响智商结果。

# 性格

人类在个性方面也存在显著差异。你可能已经通过工作或娱乐性格测试了解过自己的性格特点。经典且可靠的五项人格因素包括外向性、随和性、神经敏感型/稳定型、开放度、尽责型/附和型。但根据上述人格理论，我们很难识别出与不同人格特征相关的大脑区域。进一步的研究集中于大脑的功能性连接，即不同脑区在活动中的相互关联，研究显示一些差异与人格测试值相关。尽管我们可以确定个性会使人们彼此之间迥然不同，但可能仍需要进一步研究才能更好地理解它与大脑结构和功能之间的关系。

# 惯用手

人类的独特之处在于，我们不仅可以非常灵活地控制双手，而且在做事时会明显偏爱其中一只手。这通常被称为"惯用手"，绝大多数人的惯用手是右手。约有7%的人表现出相反的偏好，即左手。这种特征在其他动物身上不常见，它们可能会对一只手（或爪子）表现出个体偏好，但不会在整个种群中表现出如此明显的右手偏好。许多人想知道惯用手分别是左手和右手的成年人是否存在明显的大脑差异。事实是，几乎没有证据表明二者之间存在大脑皮层上的差异，但基底神经节可能存在差异。这些区域在运动控制中至关重要，表明二者的大脑差异更多体现在不同的运动控制挑战，而不是认知上的大脑功能差异。

因此，我们可以看到，大脑确实存在差异，这可能与遗传的某些方面有关。但我们也看到，人类的大脑并不是"开箱即用"的——我们在童年和青春期有一个非常漫长的脑发育时期。那么，我们成长的文化和经历会如何影响大脑呢？

## 口头语言

当我们听到别人说话时，大脑左半球被激活，这与感知语言中的不同元素（语音、句法、语义）有关。激活涉及左颞叶区域，并扩展到与语言产生控制相关的额叶区域，以及更广泛的左半球语言相关区域。同时，右脑也会被激活，通常与说话者的其他信息相关，比如身份和语调。然而，对于某些语言，如中文，说话者的声调会直接影响其表达的内容，因为中文是一种使用音调的语言。例如，中文里的"ma"有五种不同的音调，因而有五种完全不同的含义。当说中文的人听到中文时，他们的左颞叶和右颞叶激活程度相同，这可能是因为他们需要将语调处理纳入左半球的语言系统中。

值得注意的是，聋哑人在用手语交流时，如果扫描他们的大脑会发现，看到有人用手语交流时，他们的视觉皮层会被激活，但随后他们的大脑激活模式会遵循与听到口语时相同的左颞叶激活模式。因此，手语和口语在大脑中的表现非常相似。

## 阅读

现代人类出现在公元前二十万到十万年间。然而，人类只有六千年的阅读和写作历史，因此我们的大脑可以说还没有完全适应这项技能。与口头语言（婴儿无须过多指导就能学会）不同，阅读通常需要别人来教授，但成年后，大多数人已经成为熟练的阅读者，能毫不费力地自主阅读。研究表明，学习阅读会改变现有大脑网络的反应，这些网络通常与语言和面部处理区域重叠。在学习阅读英语和汉语（这两种文字系统非常不同）的儿童中，随着大脑阅读能力的提高，视觉皮层也显示出类似的变化。

不同的语言系统也会影响阅读方式。例如，意大利语是一种"透明"的文字系统——字母总是映射到相同的音素上。与之相反，英语是高度不规则的，因为相同的字母可以用许多不同的方式发音（比如"ough"字母组合在"through""tough""though"和"thought"中的发音不同）。这导致阅读不同语言的人们大脑的活动模式出现差异——阅读意大利语的人颞叶活跃，而阅读英语的人颞叶活跃的同时，额叶区域（与语言产生相关）也很活跃，这表明英语阅读者需要做更多的工作来将字母映射到语音上。

最后，正如手语在大脑中看起来与口语非常相似，当盲文阅读者用指尖阅读文字时，我们也会看到体感皮层的激活，然后激活会传导到处理视觉文本的相同视觉区域，这表明视觉阅读和盲文阅读系统在大脑中看起来非常相似。

## 双语大脑

许多人会说不止一种语言，这对大脑有什么影响？看起来是一个简单的问题，却很难给出明确的答案，因为人们学习第二语言（或更多语言）的年龄和原因各不相同，而且，语言本身也存在差异，对双语者的定义也不同，我会说一些法语就算双语者，但是我的法语水平与英法双语家庭的孩子完全不是一回事。许多双语或多语研究的最新分析发现，双语或多语对额叶、前扣带回皮质、左下顶叶和皮质下区域有许多显著的影响。值得注意的是，虽然这些区域中的一些与口语处理有关（如下顶叶），但影响也超出了这一范围，扩展到额叶和前扣带回皮层。这与以下观点一致：在不同语言之间切换的要求意味着多语者更擅长集中注意力。除此之外，该研究发现，多种语言都表现在相似的脑区——它们并不是分开存储的。

人们认为学习多种语言可以预防痴呆症（除了语言本身就是一项有用的技能之外）。但遗憾的是，情况是否真的如此目前还不清楚——使用多种语言可能不会降低患痴呆症的风险。此外，在全球范围内，使用多种语言是普遍的。在世界各地，大多数人会说一种以上的语言。像英国这样的高度单一语言的环境才是例外，所以我们或许不必期望使用多种语言有什么优势，这可能只是人类的常态。

## 音乐

学习演奏乐器会如何影响大脑？音乐技巧包括学习阅读乐谱、学习复杂的演奏技巧以及学习聆听自己和其他音乐家发出的声音。所有这些因素似乎都会导致音乐家大脑产生差异。如果我们直接比较音乐家和非音乐家，会发现音乐家在初级听觉皮层有更多的灰质，这可能与更复杂的听力技能有关，额叶中与执行控制过程有关的区域有更多灰质。与记忆过程有关的海马体、与阅读乐谱有关的舌回以及与感觉运动控制有关的初级体感皮层中也有更多的灰质。同样，当我们观察大脑功能时，音乐家在听音乐时表现出的脑活动与非音乐家非常不同。然而，就像上面提到的智商研究一样，我们不能确定这是反映了音乐训练的影响，还是大脑本身的倾向让这类人更愿意接触音乐。此外，孩子是否有机会学习乐器，也受到很大的社会因素的影响。

## 神经多样性

人类差异的最后一种方式指的是大脑发育存在一些根本性的差异——你可能听过"神经多样性"这种说法。从更广泛的意义上讲，神经多样性可用于描述与"正常"不同的大脑。

要正确对待神经多样性，需要新的视角。有许多不同的发育轨迹会以不同方式影响人们。例如，有阅读障碍的儿童在学习阅读和拼写方面会遇到严重问题。患有孤独症的儿童在理解社交状况和沟通方面会遇到困难。从大脑的角度来看，神经多样性通常与大脑连通性差异有关。例如，阅读障碍患者在言语感知和言语产生网络之间表现出明显不同的连通性特征，而学习阅读在很大程度上依赖于这些网络。作为回应，他们的大脑可能会找到一种不同的方式来解决如何阅读的问题。这通常意味着阅读和拼写仍然很费力且容易出错。孤独症患者的大脑也表现出明显的解剖学差异，包括杏仁核较小、颞叶底部灰质减少、额叶皮层厚度增加。年龄似乎对这种特征有很强的影响，最大的差异发生在青春期前后。

当然，所有人的大脑都反映了年龄、生理性别、教育程度、语言、音乐以及在不同神经多样性谱系上的位置。这些因素可以相互交叉：例如，在我父亲那个年代，老师会强迫左撇子孩子用右手写字，我父亲14岁就辍学开始工作，结果此后一生都在努力练习写字。如果他被允许用左手写字，并有机会上大学，他成年后的大脑可能会有很大不同。但他是一个如饥似渴的读者和技艺精湛的音乐家，他的大脑也反映了这些技能。这对我们所有人都是如此。也许对我们的大脑来说，最好的方法是为它们提供尽可能多的发展和成长机会。

# 大脑的敌人
# 和朋友

大脑是一个庞大而复杂的器官，不幸的是，它会受到许多方面的损伤。通常情况下，症状由受损的大脑区域决定，但损伤的严重程度也会影响恢复。

大脑消耗了大量在红细胞中循环的氧气。正如第九章所述，这是因为我们的大脑即使只是为了保持神经元处于活跃的最佳状态，也需要消耗大量的能量。反过来，这意味着大脑极度依赖于心血管系统的健康——我们的心脏和血管。事实上，涉及大脑血液供应的疾病是脑损伤的最常见原因。大脑的血液供应突然中断，被称为心血管意外或中风。

中风有三个主要特征。首先，脑损伤症状突然出现。这些症状可能表明非常具体的问题，例如言语不清或手臂无力。其次，中风引起的并发症通常在中风发作时（或发作后不久）最为严重。最后，如果患中风的人存活下来，并发症通常会随着时间的推移得到一定程度的改善。这意味着大脑在受损区域周围重组，一些功能有可能恢复。

中风有两种不同类型。大脑的某些部位没有足够的血液供细胞生存时，发生缺血性中风。这可能是由血管完全闭塞或血液被血块等物质堵塞造成的。而血管完全变窄则是中风最常见的原因，而且可能突然发生，通常发生在睡眠中或起床后不久（因为血压在睡眠中会下降，导致血管进一步变窄）。

这两种形式的缺血性中风都会使大脑缺氧，导致受影响大脑区域中部的细胞死亡。在中风的病灶周围，有些细胞会因缺氧而受到破坏，但不会死亡。这些细胞活动的变化是大脑在中风后开始显示恢复的一种方式，另一种方式则是其余部分围绕受损区域重新塑造其连接。

这些中风的严重程度可能会有很大差异。如果主要血管被堵塞，对大脑的影响可能会很严重和广泛。如果缺氧是短暂的，甚至持续的时间不够长则无法造成脑损伤。例如，短暂性脑缺血发作（TIA）是短暂的局灶性神经系统问题发作（例如手指感觉丧失），随后完全康复。TIA 本身并不严重，但需要检查，因为它们可能表明某人患中风的风险更高。

第二种中风是出血性中风，也就是大脑中的血管破裂，而且这种出血可能很突然，也可能是在几个小时内逐渐恶化。这种中风通常发生在人们活动时，不一定有任何预警信号，受影响的人可能会严重头痛、开始呕吐或失去意识。这种中风可能由高血压和血管壁上的薄弱部位的血管破裂引起，或由头部受伤诱发。它们通常比缺血性中风更严重，但同样，如果受影响的人存活下来，也有可能部分康复。

脑肿瘤——大脑中异常细胞的生长，这是神经系统中一种不常见的疾病。肿瘤有良性和恶性之分,两种肿瘤都可以影响大脑。大脑位于颅骨内,这是一个固定的空间,因此生长中的肿瘤会增加对大脑的压力,从而压迫和扭曲脑组织。肿瘤还会影响血液通过血管流向大脑不同区域的流动。肿瘤可能会对大脑区域造成特定损害,导致肢体无力、癫痫发作等症状。

头部损伤是脑损伤的另一个常见原因。开放性头部损伤(指大脑被损伤穿透或暴露)显然非常严重,但闭合性头部损伤(不会暴露或穿透大脑的创伤性损伤)也可能非常严重。闭合性头部损伤会导致大脑出血(出血性中风),还可能导致持久而广泛的脑损伤。这是因为大脑漂浮在颅骨内的脑脊液中。头部突然旋转或受到撞击会导致大脑移动,例如,围绕脑干扭转,这会直接损伤脑干。大脑也可能撞击颅骨内侧,脑组织可能因剪切力和扭转力而受损。所有这一切意味着闭合性头部损伤会导致大脑弥漫性损伤。这反过来又会导致行为的持续变化,包括难以理解别人所说的话,或者难以控制行为和情绪。

在西方,头部损伤在两种群体中很常见:年轻成年男性和老年人。年轻男性头部损伤最常见的原因是道路交通事故。老年人头部损伤最常见的原因是跌倒。年轻时,双脚走路的内在不稳定性并不是什么大问题,因为我们的大脑和身体会照顾好它,但随着年龄的增长,大脑和肌肉的变化会使我们站不稳,更容易跌倒。

退行性疾病是脑损伤的另一个原因。"退行性"是指以脑功能逐渐恶化和脑组织萎缩（因神经元损失而引起）为特征的脑损伤，常被称为痴呆症，退行性疾病的类型可能会根据影响他们的痴呆症的具体类型而有很大不同。阿尔茨海默病是痴呆症最常见的形式，大约三分之二的痴呆症患者患有阿尔茨海默病（尽管许多人不会得到正式诊断）。阿尔茨海默病与一些明显的大脑变化有关，包括神经元中蛋白质的积聚，这可能会损害它们的功能。最初的症状可能很轻微，通常表现为记忆出问题，这些问题通常与海马体和周围大脑区域的损伤有关。阿尔茨海默病的实际进展可能因受影响的大脑区域而异。阿尔茨海默病患者会遇到许多与日常生活相关的问题，所以需要日常护理。阿尔茨海默病的主要危险因素是年龄，在80岁以上的人群中更为常见。第二个危险因素是性别，女性比男性更容易患病。

皮克病也被称为额颞叶痴呆症，类似于阿尔茨海默病，但远不常见，并且往往以额颞叶或额叶的局部萎缩（收缩）开始。根据发生的位置，最初的问题可能表现为语言理解能力的变化，或行为、性格的变化。额颞叶痴呆症的发病年龄比阿尔茨海默病更小，且男性多于女性。

多梗塞性痴呆也很常见，这是由多次小型中风造成的。这种痴呆症的进展可能是"阶梯式"而非渐进式，并在"阶梯"之间可能有一些功能的改善。

其他退行性疾病与基底神经节的变化有关，例如帕金森病和亨廷顿舞蹈症。亨廷顿舞蹈症是一种遗传性疾病，会导致情绪变化、抑郁和运动控制问题。帕金森病主要导致运动问题，例如动作开始困难、动作非常缓慢、震颤、肌肉僵硬和面部表情困难。

我们的大脑会以多种方式出问题，这确实令人担忧，但值得思考的是，现在也有很多人正在应对这些脑损伤，以及其他受此影响的人：他们的家人、他们的照顾者。人要面对的挑战太多了。当然，我们也要认识到，情况并非完全消极。2000 年，意大利强制要求骑摩托车和轻便摩托车的人戴安全头盔后，事故率没有受到影响，但头部受伤率下降了 66%。帕金森病的医疗治疗可以非常有效，目前治疗亨廷顿舞蹈症寄希望于基因治疗。患有阿尔茨海默病的人可能会经历很大的痛苦，但仍然可以享受熟悉的音乐，这似乎可以帮助他们通过不受疾病影响的途径获得情绪和记忆。我们可以采取一些其他积极的措施来改善自己的大脑健康，进而起到一些预防或神经保护作用。

## 生命在于运动

过去十年的科学研究表明，适度、规律的活动对

101

大脑具有显著的神经保护作用。任何可以改善心血管健康的活动都会对大脑产生益处，因为大脑非常依赖心脏和血管为其输送氧气。我知道，在这个时候，你可能很想把这本书扔到房间的另一边，因为你已经厌倦了人们告诉你锻炼身体对你有好处。但你要明白，不仅仅是那些非常健康的人才适合锻炼，在日常生活中，任何的锻炼都会有用。因此，虽然我可能永远不会去跑马拉松，但我仍然可以出去慢跑，而且就算跑得再慢，也仍然有效。事实上，你走的每一步都算数。我认为日常锻炼是一种可以改善短期情绪（所有内啡肽）和长期大脑健康的小窍门。适度活动和锻炼与较低的中风率相关，也与较低的痴呆率相关。而且，永远不要觉得现在开始锻炼太晚了。

我已经几次提到过，我们一生下来就拥有了几乎所有神经元。过去人们认为，我们无法在中枢神经系统中生长新的神经元。然而，现在有充分的证据表明，（至少在老鼠身上）新的神经元可以在海马体中生长，而这正是由运动引发的。因此，运动甚至可以帮助生长一些新的神经元！我还想说，选择适合你的活动，如果你有一段时间没有运动了，开始之前请咨询医生。

其他可能对心血管系统产生负面影响的因素包括吸烟、饮酒过量和不保持健康体重。（我现在完全允许你把书扔到房间的另一边，因为再去捡起来也算是活动！）

## 均衡饮食

你可能还记得，大脑使用的所有神经递质都是在大脑内部合成的。你可能读过有关"多巴胺饮食"或其他控制食物摄入量方法的资料，这些方法或许能改变自己的大脑化学物质。然而事实上，健康、均衡的饮食将为你提供制造那些大脑化学物质所需的全部营养。"吃东西，别贪多，多吃蔬菜"就能开个好头。

## 训练大脑

你可能听说过大脑训练——有的人认为是拼图或计算机测试，或让大脑能更努力工作的东西。如果你喜欢这类游戏和拼图，请不要停止，这对你的大脑没坏处！然而，很少有证据表明玩填字游戏会让你在非填字游戏的认知任务上做得更好。

在第九章中，我们看到像音乐训练或学习阅读确实会影响大脑结构和功能。大脑训练的差异可能在于花费的时间。成年后学习语言更难的一个原因是，当你小时候学习时，会花费大量时间在这上面，但成年人通常没有这么多时间。值得注意的是，一些研究发现，玩大量视频游戏的人在视觉注意力测试中通常得分更高，这反映了游戏的要求，以及他们在游戏上投入了大量时间，虽然这些时间本可以用于其他活动，例如体育锻炼。

## 社交接触和助听器

孤独对我们的身心健康非常不利。人类是社会性灵长类动物，我们社交网络的规模和连通性可以预测我们患身体疾病、精神疾病的风险，甚至可以预测寿命。这在一定程度上是因为朋友可以为我们提供实际的帮助和支持，也因为我们能从社交中获得积极的心理反馈。与人交谈和欢笑会增加内啡肽，降低肾上腺素和皮质醇的水平，让我们更快乐、更放松。当我们与他人社交互动时，也在锻炼大脑。

或许，这也可以解释为什么未经矫正的成人听力损失会增加患痴呆症的风险。成年后失去听力，如果不使用助听器来支持，会使痴呆症风险增加近 10%。随着年龄的增长，听力损失相对较为常见。如果不使用助听器治疗，听力损失会导致社交互动困难，因为很难听到别人说话。这反过来又会导致人们退出社交互动，而这种与对话和接触的隔绝似乎会将大脑置于更危险的境地。如果我们有与年龄相关的听力损失，可能需要一段时间来适应助听器，人们还可能会因情绪原因对它们产生负面态度。然而，就像运动一样，我们应该将它们视为可以提供非常重要的神经保护的手段。如果你的听力开始下降，请接受测试，如果需要使用助听器，请佩戴它们并继续与人们交谈，这真的对大脑有益。

在这本书中，我努力让大家了解大脑的美丽和复杂性。我们正在不断了解更多的不同类型的大脑。随着神经科学的不断发展，我们越来越了解大脑是如何以及为何产生差异的，以及演化如何推动这些变化来跟上身体和行为的变化。遗传学研究帮助我们了解了神经系统的组成部分背后的某些遗传密码是多么古老，而这些密码对大脑的结构和功能又至关重要。我们越来越善于研究人类大脑的奇迹，而这将会为所有人带来了许多潜在的益处。此外，我们也在学习更多关于如何保护大脑免受伤害，以及当不同因素对大脑产生负面影响时如何治疗大脑的方法。未来，我们还将学到更多令人眼花缭乱的有关大脑的知识。那么接下来，你会带着你聪明的头脑去哪里？

# 致谢

　　我要感谢所有慷慨与我分享他们大脑里的想法的人，尤其是DR和SE，他们是那样善良、耐心和慷慨。我还要感谢我合作过的所有科学家，包括 Andy Calder、Andy Young、Paul Burgess、Alex Leff、David Sharp、Jane Warren、Jenny Crinion、Carolyn McGettigan、Zarinah Agnew、Narly Golestani、Charlotte Jacquemot、Disa Sauter、Patti Adank、Frank Eisner、Jonas Obleser、Sam Evans、Sinead Chen、Sophie Meekings、Cesar Lima、Nadine Lavan、Kyle Jasmin、Ceci Cai、Alexis Mcintyre、Addison Billings 和 Caz Niven。我要感谢伦敦中央理工学院的 John Mellerio 尽心尽力地教授我有关大脑的知识。我要感谢 Alex Griffin 指出你的脚趾距离你的大脑只有两个神经元的距离，这听起来十分奇怪有趣。我要感谢 Will Eaves 提供的写作建议和鼓励，并感谢他让我成为一名出色的播客节目主持人（我们的播客是 *Neuromantics*！可以在各大播客平台收听）。我要感谢 Duncan Wisbey、David Arnold 和 Harry Yeff，她们关于大脑的分享非常有趣。我还要感谢 Will Francis 和我的编辑

George Brooker，让这一切成为可能。最后，我要感谢Geraint Rees让我借用了他的鳄鱼故事，我也很高兴他没被鳄鱼吃掉。